U. Kawabe, T. Saitoh 원저

반도체공학

이충훈 역

(주) 북스힐

《semester 대학강의》
발간에 대하여

　근년의 과학기술의 진보는 놀라운 것이 많다. 특히, 전기·전자·정보·통신공학의 분야는 21세기로 향하는 중요한 technology로서 일진 월보의 발전을 이루고 있고 이 분야의 중요성은 더욱 높아지고 있다.

　현재의 대학의 교육 현장에서는 오늘날의 기술혁신에 해당하는 수업내용 및 커리큘럼의 개혁, semester화(한학기 단위의 교육), 더욱이 고등학교의 수학·이과 교육의 다양화에 연계한 수업 내용의 재검토 등이 진행되고 있다. 그렇지만 이러한 급격한 변혁의 속에서 새로운 시대의 대학 교육에 알맞은 교과서가 없는 것이 현실이다.

　이「semester 대학강의」는 실제 사회에서의 기술 현장과 관계가 깊고, 현재 크게 변모하고 있는 전기 학계, 전자 학계, 정보 학계 및 통신 학계가 중요한 기초 과목에 초점을 맞춰서 신시대로 향한 새로운 형태의 교과서 시리즈를 기도한 것이다.

　본 시리즈는 오늘날의 다양한 공학·기술에 대한 방대한 내용을 얼마 안되는 강의로 습득하는 것이 어렵다는 것을 고려하여 많은 양을 소화시키는 것보다도 기초 사항을 이해하고 이것을 응용하는 능력을 익히는 것을 중시하여 편집하였다.

　구체적으로는 신시대로 향하는 새로운 기술을 적극적으로 받아들이고자 하는 산업계의 실상과 대학의 공학 교육의 현상과의 쌍방을 고려하여 앞으로의 교과서로서 무엇이 필수적인 기초 사항인지를 자세히 음미하였다. 지금까지 중요한 것이더라도 장래에 필요성이 엷어져 가면 주된 것이라도 생략하거나 취급을 가볍게 하고, 반대로 필요성이 커지는 사항에 관해서는 새롭게 취급하거나 취급을 심도 있게 한다는 등의 새로운 맛을 가미하여 놓았다. 또한, semester용의 교과서로서 13주 정도의 수업으로 끝내도록 내용을 연구하고 있다. 더욱이 수식은 필요 이상 쓰지 않지만 그렇다고 해서 단순히 결론이나 첨단 기술을 나열하는 것은 아니고 기본 개념 및 중요 사항을 직감에 호소하고 이해할 수 있도록 도해나 해설 등을 연구하는 등 개념의 파악과 알기 쉽게 이해할 수 있도록 편집하였다. 내용의 이해를 돕기 위해서 필요에 따라 적절한 예제를 삽입하여 각 장 끝에는 연습 문제를 실어 놓았다.

본 시리즈는 이러한 방침에 의거하여 기본 사항을 평이하게 이해할 수 있고 응용 능력이 익혀지도록, 또한 단기 시간에 효율이 좋게 학습할 수 있는 「쓰기 쉬운 교과서」로 주의하여 편집되어 있다.

1999년 6월

편자

저자서문

최근의 반도체 기술의 진보는 놀랍고 그 기술 혁신이 생활 양식이나 산업 구조에까지 영향을 미쳐 왔다. 반도체는 전자 device를 만드는 데에 있어서 가장 중요한 재료이고 일상의 쾌적한 생활이나 산업의 모든 분야가 없어서는 안 되는 것으로 되어있다. 이 반도체는 금속과의 접촉, 전도형이 다른 반도체끼리의 접합 및 절연체와의 계면에서의 전기적·광학적으로 특이한 성질을 보이기 때문에 이들을 조합하여 transistor, diode, thyristor, 발광 diode, 반도체 laser, 여러 가지의 sensor 등의 단체 device, microprocessor나 memory 등의 대규모 집적회로(LSI), 하나의 chip에 기능이 다른 복수의 IC를 탑재한 system LSI 등의 전자 device가 만들어지고 있다. transistor는 1947년에 미국의 Bell 전화 연구소에서 발명된 이래, Moore의 법칙에 따라서 3년에 4배의 속도로 집적도가 증가하여 대량 생산되어 왔다.

그 결과, 민생용·산업용 전자 기기나 system 기기에 조합되어 제품의 소형화, 경량화, 고기능화, 고신뢰화, 저소비 전력화 및 저가격화 등을 가져오고 있다.

이러한 의미에서 「반도체공학」은 대학 공학부의 전기 공학계, 전자 공학계 및 정보 공학계의 학생에게 있어서 전문 기초 지식으로서 학습하지 않으면 안 되는 중요한 과목의 하나라고 할 수 있다. 반도체를 이해하고 응용하기 위해서는 반도체 재료 및 device의 기초적 현상이나 동작 원리의 학습이 불가결하다. 본서는 4년제 학부생 및 전문대학의 학생을 대상으로 한 교과서로서 정리한 것이다.

 본서에서는 우선 제1장에 물성의 기초를 이해하기 위해서 반도체를 구성하고 있는 결정 구조의 개념과 결정의 불완전성을 공부하고, 제2장에서는 한 종류와 두 가지의 원자를 포함하는 결정의 격자 진동을 예로 파동이 결정 내를 전도하는 현상을 이해하고, 적외선 흡수 및 비열에 관한 실제의 반도체 data와의 관련에 관해서 배우고, 제3장에서는 semiconductor 내에 들어가 있는 전자의 행동과 전자의 energy band 이론의 기초를 배운다. 또한, 반도체 내부의 전자의 행동과 그 전도 현상을 정량적으로 설명하는 Schrödinger 방정식을 이해하고 깊은 potential 우물과 주기적 potential 안의 전자에 대한 계산으로부터 energy band의 사고방식을 이해한다. 더욱이 실제의 반도체의 band 구조에 관해서도 그 개념을 배운다. 제4장에서는 실제의 반도체, 특히 Si 반도체를 대상으로 전자의 Fermi-Dirac 분포, energy 상태 밀도 등에 관해서 배워, 초고순도인 진성 반도체나 전도형을 형성하는 불순물을 포함하는 반도체 내의 캐리어 밀도나 캐리어 이동도에 관해서 이해한다. 반도체 내의 캐리어의 생성이나 소멸이 device의 동작과 깊이 관계하는 것을 배운다. 이어서 제5장에서는 전압 인가 혹은 광 조사에 의해서 금속과 반도체, 반도체의 pn 접합 및 절연체와 반도체의 계면에서 생기는 전기적 혹은 광학적으로 특이한 현상을 먼저 배운 band 이론에 기초하여 이해한다. 이것들의 요소를 조합한 것이 전자 device이기 때문에 이것을 band 이론과 동시에 이해하면 「반도체 공학」의60%를 master한 것으로 된다. 제6장에서는 우선 Si 반도체의 제조 방법에 대해서 Czochralski 법, epitaxial 성장법 및 최근 주목되고 있는 SOI(Silicon-On-Insulator) 기술에 대해서 배운다. 그 후에 정류 기능과 가변 용량 기능을 갖는 diode, 증폭 기능을 갖는 transistor, 수광 device나 CCD 등의 단체 device의 구조나 특성에 관해서 이해한다. 제7장에서는 Si device 제조를 위한 기본 기술이다, 산화, 확산, ion implantation, lithography, etching, CVD나 PVD 등에 대해서 배운다. 제8장에서는 그것들의 기본 기술을 조합한 bipolar 및 nMOS나 CMOS 집적 회로 제조 process 기술의 기본 구성에 관해서 이해한다. 또한, giga-bit급의 초고집적 회로를 제조하는 최신의 기술 동향에 관해서도 배운다. 반도체의 응용으로서 전자나 정공의 이동 현상을 이용하지만 그 외에, band 구조에서의 광의 흡수나 발광 천이를 응용하는 device가 있다. 제9장에서는 우선 관련되는 광학의 기초로서 광흡수, 광전도 효과, 광기전력 효과나 광학 천이에 대해서 이해하고 그 응용 device로서 태양 전지, 발광 diode 등의 동작 원리와 특성에 대하여 공부한다. 제10장에서는 우선 Si 반도체로서는 실현이 어려운 발광 device용의 III - V 족 화합물 반도체의 GaAs 기판이나 epitaxial 층의 제조 방법에 대해서 이해한다. 그 후에 III - V 족 화합물 반도체의 물성을 이해하고 반도체 laser, 고주파 device 나 마이크로파 device의 구조나 특성에 관해서 배운다.

각 장에는 이해를 깊게 하기 쉽도록 각 장 끝에 연습문제, 권말에 그 해답을 첨부하여 놓았다. 또, 본서에서는 지면의 형편상, diode나 transistor등의 능동 소자와 저항·용량·코일의 수동 소자를 조합한 회로의 특성에 관해서는 전자 회로 공학으로 넘겨 취급하고 있지 않다.

집필은 제1장부터 제4장 및 제6장에서 제10장까지를 T. Saitoh, 제5장과 제10장의 일부와 전체의 정리를 U. Kawabe가 담당하였다.

마지막으로 본서를 집필하는데 참고를 한 저명한 교과서나 참고서에 대해서는 책 끝에 게재하였고 감사의 뜻을 표시하고 싶다. 또한, 평소에 지도를 받은 (주)히타치 제작소 중앙 연구소의 원주관 연구장의 德山 巍 공학박사, 원이사·기사장의 永田 穰 공학박사, 더욱이 출판에 임하여 신세를 진 마루젠 출판 사업부의 桑原輝明 씨에게 깊이 감사하는 바이다.

2000년 1월

저자

역자서문

1980년대를 기점으로 정보산업 분야의 눈부신 발전은 사람들의 일상 생활 패턴을 바꾸어 놓을 정도가 되었고, 이러한 발전의 절대적 공헌자는 반도체 산업이라는 것을 부인하는 사람은 없을 것이다. 한국도 1980년대 중반에 반도체 산업에 집중 투자하여 반도체의 선진국 대열에 들어서 메모리 생산 대국이 되었다. 대학의 전공 과정들도 국가의 산업 정책에 맞추어 반도체 관련 내용을 강의하는 곳이 많다. 그럼에도 불구하고 반도체 관련된 전공 서적이나 참고서는 많지 않고, 한 학기를 목표로 개설된 반도체 강의를 위한 교과서를 찾기가 어려웠다. 최근에 일본의 T. Saitoh씨와 U. Kawabe씨가 집필한 Maruzen출판사의 「반도체 공학」이라는 책을 접하고 번역하게 되었다.

저자 서문에서 이 책은 4년제 대학 및 전문 대학의 학생을 대상으로 한 교과서로서 정리한 것이라고 하였다. 책의 제목대로 semester 대학 강의 즉, 한 학기용의 교과서로 집필되어 내용이 간략하고 짧은 기간에 반도체의 기초를 다지도록 정리되어 있다.

1장에 물성의 기초를 이해하기 위해서 고체를 구성하고 있는 결정 구조의 개념과 결정의 결함 등을 공부한다. 제2장에서는 결정의 격자 진동을 예로 파동이 결정 내를 전도해 가는 현상을 이해하고, 적외선 흡수 및 비열에 관한 실제의 반도체 data와의 관련에 관해서 배운다. 제3장에서는 반도체 내의 전자의 행동과 전자의 energy band 이론의 기초를 배운다. 제4장에서는 실제의 반도체, 특히 Si 반도체를 대상으로 전자의 Fermi-Dirac 분포, energy 상태

밀도 등에 관해서 배우고, 반도체 내의 캐리어 밀도나 캐리어 이동도, 캐리어의 생성이나 소멸이 device의 동작과 깊이 관계하는 것 등에 관해서 이해한다. 제5장에서는 전압인가 혹은 광 조사에 의해서 금속과 반도체, 반도체의 pn 접합 및 절연체와 반도체의 계면에서 생기는 전기적 혹은 광학적으로 특이한 현상을 먼저 배운 band 이론에 기초하여 이해한다. 제6장에서는 우선 Si 반도체의 제조 방법에 대해서 Czochralski 법, epitaxial 성장법 및 최근 주목되고 있는 SOI(Silicon-On-Insulator) 기술에 대해서 배운다. 제7장에서는 Si device 제조를 위한 기본 기술이다, 산화, 확산, ion implantation, lithography, etching, CVD나 PVD 등에 대해서 배운다. 제8장에서는 반도체 기본 기술을 조합한 bipolar 및 nMOS나 CMOS 집적 회로 제조 process 기술의 기본 구성에 관해서 이해한다. 제9장에서는 광학의 기초로서 광흡수, 광전도 효과, 광기전력 효과나 광학 천이에 대해서 이해하고 그 응용 device로서 태양 전지, 발광 diode 등의 동작 원리와 특성에 대하여 공부한다. 제10장에서는 우선 Si 반도체로서는 실현이 어려운 발광 device용의 III-V 족 화합물 반도체의 GaAs 기판이나 epitaxy층의 제조 방법에 대해서 이해한다. 그 후에 III-V 족 화합물 반도체의 물성을 이해하고 반도체 laser, 고주파 device나 마이크로파 device의 구조나 특성에 관해서 배운다.

전공 용어는 되도록 우리말을 쓰려고 노력했으나 적절치 않은 경우는 원어를 그대로 사용하였다. 전공 지식이나 일본어 능력이 모자라서 많은 오류를 범했으리라 생각된다. 독자 여러분의 아량과 많은 지적을 부탁드린다.

끝으로 어려운 상황에서도 이 책이 빛을 볼 수 있도록 해주신 도서출판 북스힐의 조승식 사장님과 직원 여러분에게 감사드린다.

2001년 광복절에

신룡벌에서

이 충 훈

차 례

⑧ 집적 process 기술 · 193

⑨ 광물성과 device · 211

⑩ Ⅲ-Ⅴ화합물 반도체와 device · 225

● 부록

● 참고 도서

● 연습문제 해답

● 찾아보기

1. 결정의 기초

1-1 구조의 분류

반도체는 그 구조에 의해 단결정(single-crystal), 다결정(poly-crystal), 비정질(amorphous)로 분류된다. 단결정은 원자와 격자(lattice)라고 부르는 주기적 구조로 정의되는 3차원적 규칙성을 갖는 점으로 배열된다. Si 단결정은 현재 가장 많이 제조되고 있는 결정으로 집적회로(integrated circuit)등의 반도체(semiconductor) 재료로서 중요하다. 다결정은 많은 작은 단결정 영역으로 구성되고 각각의 영역에서는 규칙성이 있는 구조로 태양 전지용 재료로 쓰이고 있다. 비정질은 명백한 구조를 갖지 않는다. 소위 glass상 구조로 박막 모양의 특징을 갖는다. 최근에는 박막 transistor 재료로 주목되고 있다. 여기서는 반도체를 구성하는 결정 구조의 기초에 대해서 학습한다.

1-2 공간 격자

원자가 3차원적으로 규칙적으로 정확히 배열한 예를 그림1-1에서 볼수 있다. 이 3차원 격자를 공간 격자(space lattice)라고 부르고 평행 육면체이다.

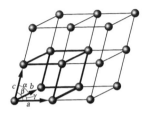

그림 1-1 공간 격자에 의한 결정축과 축각

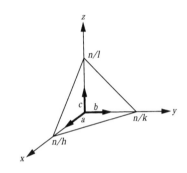

그림 1-2 격자면 (hkl)의 표현 방법

공간 격자의 기본 vector a, b, c는 격자 상수 a, b, c 및 축각 α, β, γ으로 정해지고 굵은 선의 영역이 단위 세포(unit cell)이다. 원점으로부터 각 격자 점의 위치 r는 다음 식으로 표현된다.

$$r = ma + nb + pc \qquad (1\text{-}1)$$

m, n, p는 0을 포함하는 정수이다. a, b로 형성되는 면을 c면, b, c로 형성되는 면을 a면, c, a로 형성되는 면을 b면이라고 한다. a와 b가 이루는 각은 γ, b와 c가 이루는 각은 α, a와 c가 이루는 각은 β이다.

격자점이 형성하는 면을 격자면이라고 하고 다음 방정식으로 표시된다.

$$hx + ky + lz = n \qquad (1\text{-}2)$$

n은 정수이다. 식(1-2)은 그림1-2에 보이는 것같이 x축과 n/h, y축과

n/k, z축과 n/l에서 교차하는 평면을 나타내고 있다. 서로 다른 세 개의 정수 h, k, l 을 써서 정수 n 을 변화시키는 것에 의해 서로 평행한 한 무리의 격자면을 정할 수 있다. 이 때, h, k, l을 면지수 혹은 Miller 지수(Miller index)라고 하고 (hkl)라는 기호로 나타낸다.

이 지수는 다음과 같이 정한다.

(1) 결정의 단위 세포의 결정 축을 좌표축으로 하여 특정한 면과 이 좌표 축의 교점을 단위로 하여 구한다.

(2) 그 역수를 취해서 3개의 수의 비를 일정한 최소의 정수의 조합으로 구한다.

(3) 그 조합을 h, k, l로 하여 (hkl)이 Miller 지수가 된다.

그림1-3에 입방정계(立方晶系)의 중요한 면의 Miller 지수(100), (110), (111) 및 (200)을 보인다. Miller 지수에는 이밖에 몇 개의 규칙이 있다. $(\bar{h}kl)$는 x축과 음의 방향으로 교차하고 있는 면, $\{hkl\}$은 등가인 대칭성을 갖는 면, 예를 들면 $\{100\}$은 (100), (010), (001), $(\bar{1}00)$, $(0\bar{1}0)$, $(00\bar{1})$을 나타낸다. 또한, $[hkl]$은 결정내의 방향, 즉, [100]방향은 (100)면에 수직하고 $<100>$는 등가인 모든 방향 [100], [010], [001], $[\bar{1}00]$, $[0\bar{1}0]$, $[00\bar{1}]$을 나타낸다.

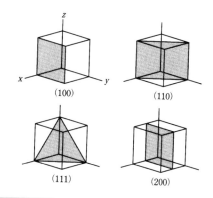

(100)   (110)

(111)   (200)

그림 1-3 대표적인 Miller지수를 갖는 격자면

1-3 결정 구조

결정의 구조는 공간격자(space lattice)의 대칭성으로부터 일곱개의 군으로
분류되고 이것을 Bravais 격자라고 한다. 일곱개의 군은 입방정계(立方晶
系), 정방정계(正方晶系), 사방정계(斜方晶系), 단사정계 (單斜晶系), 삼사
정계(三斜晶系), 삼방정계(三方晶系) 및 육방정계(六方晶系)로 반도체와
가장 관계가 깊은 것은 입방정계이다. 이 입방정계에는 그림1-4에 보인 (a)
단순입방격자, (b)체심입방격자, (c)면심입방격자가 있고 각각 등거리의 위치
에 6개의 원자가 존재하고 있다. 그 길이 a는 격자 상수이다. 동일 원자로
이루어지는 단순입방격자의 예로서 Polonium Po가 있고 8개의 모서리에 1/8
의 원자가 존재하기 때문에 단위 세포에는 등가적으로 1개의 원자가 존재하
는 것으로 된다. 다른 원자가 교대로 나란히 서있는 입방격자는 NaCl, LiF나
MgO 등의 염화 Natrium 구조가 있다. 체심입방격자로는 Na나 W 등의 금속
이 있고 1개의 원자 주위에 8개의 최대로 근접 원자가 존재하기 때문에 단
위 세포 내의 원자 수는 2개가 된다. 면심입방격자의 예로서는 Al, Cu나 Au
등의 금속이 있고 등가적으로는 4개의 원자가 단위 세포에 존재한다.

반도체에서 가장 중요한 C, Si나 Ge등의 원소 반도체는 그림1-5에 보이는
것같이 입방 정계이다. 이 입방정계는 1개의 원자가 4개의 원자에 결합된
다이야몬드형 구조(diamond structure)를 갖는다. 이 구조는 2개의 면심입방격
자가 단위 세포의 대각선을 따라 그 길이의 1/4만큼 움직인 상태로 되어 있다.

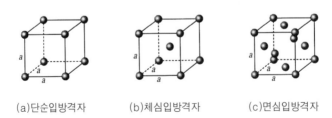

(a)단순입방격자   (b)체심입방격자   (c)면심입방격자

그림 1-4 Bravais 격자에 의한 입방 정계

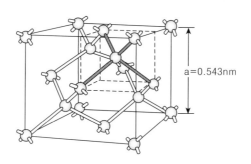

그림 1-5 Si 단결정의 다이아몬드형 구조

(격자 정수:0.543nm, 원자 밀도:5.0× 10^{22} cm^{-3})

따라서, 이 단위 세포에는 8개의 모서리에 크기 1/8 상당의 Si 원자가 8개, 면심의 위치에 크기 1/2 상당의 원자가 6개 및 체심의 위치에 4개의 원자가 존재하고 있어서 합계 8개의 Si 원자가 존재한다. 단위 부피당으로 환산하면 $8/(0.543 \times 10^{-7})^3 = 5.0 \times 10^{22}$ cm^{-3}의 Si 원자가 존재한다.

이 diamond 구조와 유사한 구조로서는 섬아연광형(閃亞鉛鑛型, Zincblende)과 우르트짜이트광형(Wurtzite)이 알려지고 있다. 전자는 GaAs나 InP 등의 Ⅲ-Ⅴ족 화합물 반도체가 있고, 그림1-6에 보이는 것 같이 Si의 위치가 교대로 Ga와 As로 교체되어 있고 발광 소자 재료로서 중요하다. 후자의 예로서는 CdS 등의 Ⅱ-Ⅵ족 화합물 반도체가 있고 그 결정 구조는 육방 정계에 속한다.

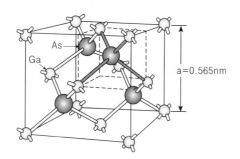

그림 1-6 GaAs 단결정의 섬아연광형 (zincblende) 구조

(격자 정수:0.565nm, 원자 밀도:4.44×10^{22} cm^{-3})

1-4 결정 구조의 해석

결정의 구조 해석에는 격자 상수의 길이에 가까운 파장을 갖는 X선이 쓰인다. 이 X선을 결정에 조사하면 결정을 구성하는 공간 격자가 회절 격자의 역할을 하여 특정 방향으로 X선이 강하게 반사되는 X선 회절(X-ray diffraction)이 생긴다.

격자면 (hkl)에 파장 λ의 X선이 입사한 경우를 생각한다. 그림1-7에 보이는 것같이 X선은 입사각 θ로 격자면 X_1에 입사하고 A점에서 반사한다. 이 반사 강도는 약하지만 격자면 X_2에 입사한 X선이 B점에서 동일 반사 각도로 반사되면 반사파는 서로 보강되어 합하여진다. 바꿔 말하면, 각 반사파의 위상이 일치하게 된다. 그림에서 A에서 격자면 X_2에 입사 X선에의 수선과의 교점 C, 반사 X선에의 수선의 교점을 D로 한다. 이 위상이 일치하는 것은 거리 CB + BD가 파장의 정수배로 되어 있는 것에 해당한다. 따라서, 격자면 간격을 d_{hkl}로 하면

$$2\,d_{hkl}\sin\theta = n\lambda \quad (n = 1,\,2,\,3\cdots) \tag{1-3}$$

의 관계식이 얻어진다. 이 식이 만족하는 조건을 Bragg 반사라고 하고, θ는 Bragg 각에 해당한다.

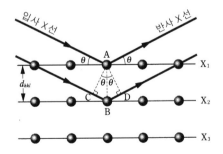

그림 1-7 Bragg 법칙에 의한 격자면에서의 X선 반사

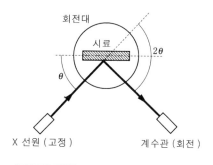

그림 1-8 X선 회절법의 기본 구성

실제로 결정의 격자면 지수나 면간격을 구하기 위해서는 X선 회절계 (diffraction meter)가 사용된다. 그림1-8에 보이는 것 같이 X선의 입사각과 반사각이 같게 되도록 X선을 감지하는 계수관의 회전 속도를 2배로 설정한다. 엑스선 원으로서는 Cu의 $K_{\alpha 1}(\lambda = 0.1541$ nm)나 $K_{\alpha 2}(\lambda = 0.1544$ nm) 선이 쓰인다.

이것들의 CuK_{α}선을 이용한 Si(100) 결정면의 X선 회절로는 (400)부터의 반사각도 34.550°($CuK_{\alpha 1}$을 쓴 경우) 및 반사각도 34.6480°($CuK_{\alpha 2}$를 쓴 경우)에 강한 반사 회절 강도가 얻어진다. 이 반사 각도는 유효 숫자 5자리 수이고 식(1-3)을 써서 정확한 격자 상수를 구할 수 있다. 실제의 X선 회절에서는 식(1-3)이 만족하더라도 회절 선이 나타나지 않은 경우가 있다. 예를 들면 면심입방격자에서 hkl이 짝수와 홀수의 혼합면에서는 회절선은 얻어지지 않는다.

또한, diamond 구조에서는 $h + k + l = 4m + 2$ ($m = 0$, ± 1, ± 2, …), 즉, h, k, l 짝수와 홀수의 혼합면에서는 회절선은 얻어지지 않는다. 이미 알고 있는 결정의 회절 데이타에 대해서는 ASTM card(American Society for Testing Materials)가 있어 결정의 면 간격과 같이 쓰이고 있다.

1-5 결정의 불 완전성

지금까지 결정내의 원자는 규칙 바르게 배열되어 있다고 생각하여 왔다. 그러나, 실제의 결정에서는 불순물이 포함되어 있고 고온에서는 원자가 진동하고 있으며 표면에서는 외부로의 원자의 증발도 생긴다. 이 현상에 의해서 결정의 완전성은 교란되어 구조 결함이 생긴다. 결정의 불완전성, 즉 격자 결함(lattice defects)에는 크게 구분하여 점결함, 선결함과 면결함이 있다.

1-5-1 점 결함

점 결함에는 빈 구멍(vacancy)과 격자 사이 원자, 불순물 원자 등이 있다. 전자의 빈 구멍은 그림1-9(a)에 보이는 것같이 결정의 격자에 원자가 존재하지 않는 결함이고 Schottky형 결함이라고 부른다. 그림1-9(b)는 격자 사이(interstitial)에 원자가 존재하는 경우이고 그림1-9(c)는 빈 구멍과 격자 사이 원자가 마주 보는 결함으로 Frenkel형 결함이라고 한다.

빈 구멍은 결정을 고온으로 유지하여 원자의 움직임을 크게 하면 쉽게 생성된다. 결정을 구성하는 격자 점의 총수가 N개, 빈 구멍이 n개 존재하는 경우를 생각한다. N개의 격자 점에 n개의 빈 구멍을 배열하는 가능한 수는 $N!/n!(N-n)!$이다. 이 때의 배열의 entropy S는 $\ln[N!/n!(N-n)!]$에 비례한다.

(a) Shottky형 결함   (b) 격자간 원자   (c) Frenkel형 결함

그림 1-9 점 결함의 종류

격자 점에 빈 구멍을 만들기 위해서는 원자를 표면으로 이동시키는 에너지가 필요하고 이것을 W_ν로 한다. 결정 중에 빈 구멍이 n개 존재하면 내부 에너지 U는 nW_ν만큼 증가한다. 결정의 자유 에너지 F는

$$F = U - T \cdot S \tag{1-4}$$

이므로

$$F = nW_\nu - k_B T \ln[N!/n!(N-n)!] \tag{1-5}$$

가 된다.

결정이 열평형 상태에 있다고 하면, 자유 에너지가 빈 구멍의 변화에 대하여 극소의 조건 $\partial F/\partial n = 0$을 써서 식(1-5)을 전개한다. 이 때, N, $n \gg 1$이기 때문에 아래의 Stirling의 공식

$$\ln n! \approx n \cdot \ln n - n \tag{1-6}$$

을 쓰면,

$$n/(N-n) \cong n/N = \exp(-W_\nu/k_B T) \tag{1-7}$$

을 얻는다.

빈 구멍을 형성하는 에너지 W_ν는 Si 결정에서는 2~3 eV 이다. W_ν을 2 eV로 하여 열 평형 상태에서의 빈 구멍 농도를 계산하여 보자. 실온 300 K에서는 $n/N = 1.8 \times 10^{-35}$로 대단히 작지만 1000 K에서는 10^{-10}, 개수로는 5 $\times$ 10^{12} cm^{-3}으로 무시할 수 없는 농도가 된다.

반도체 결정은 최고의 고순도 결정으로 알려 있지만 실제의 반도체 결정에는 점 결함 불순물이 포함되고 있다. 불순물을 의식적으로 첨가하지 않은 고저항의 진성 반도체, 소위 ten nine(99.99999999%)의 초고순도 Si 단결정에도 많은 불순물 원자가 포함되어 있다. 가장 많은 것은 산소 원자이고 Czochralski법으로 제조한 Si 단결정 중에는 결정 성장에 사용하는 석영 도가니로부터 $10^{17} \sim 10^{18}$cm^{-3}의 산소 원자가 혼입되고 있다. 또한, Si 결정 중에는 약10^{15} cm^{-3}의 탄소도 포함되어 있다. 산소는 Si 결정의 격자 사이에 존재

하고, 전자의 탄소는 Si 격자의 위치 즉, 치환형(substitutional) 불순물로서 존재한다. 치환형 불순물로서 중요한 원자로서 p 형이나 n 형을 결정하는 전도형 불순물이 있다. p 형 불순물로서는 B, Al 원자 등의 III족 원자가 있고 n 형 불순물로서는 P, As, Sb 등의 VI족 원자가 있다.

1-5-2 선 결함

금속 결정을 잡아당기면 금속은 늘어나 원래로 돌아가지 않게 된다. 이 현상을 소성 변형이라고 한다. 이 소성 변형은 어떤 결정면 상에 일부의 원자만이 이동한 후 다른 원자가 차례 차례로 이동한다. diamond형 결정의 경우는 원자의 미끄러짐이 일어나는 면은 비교적 원자밀도가 높은 {111}면이고 그 방향은<110>이다. 그림1-10(a)에 보이는 것같이 ABCD가 미끄러진 면 **b** 방향으로 원자가 이동하여 미끄러진 면의 위쪽이 수직한 원자 면의 수가 아래쪽보다 불어난다. 이 **b**는 원자의 이동량이나 방향을 나타내기 때문에 Burgers vector라고 한다. 이 원자의 미끄러짐의 결과로 AD에는 선상의 격자 결함이 형성되고 이것을 인상 전위(刃狀, edge dislocation)라고 한다. 이 전위가 결정 중에 있으면 전위의 주위에서 원자의 이동이 일어나 소성 변형이 일어나기 쉽게 된다.

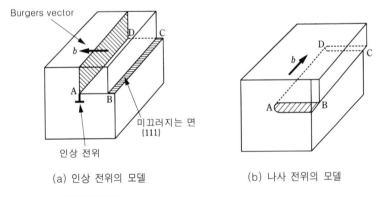

(a) 인상 전위의 모델   (b) 나사 전위의 모델

그림 1-10 인상 전위 및 나사 전위의 미끄러짐 모델

전위에는 미끄러짐 방향이 미끄러짐 경계면에 평행으로 되어 있는 나사 전위(screw dislocation)가 있다. 그림1-10(b)에 나사 모양 전위의 모델을 보인다. 미끄러짐 면은 ABCD이고, Burgers vector는 b이다. Burgers vector의 크기는 격자 상수 정도이지만 수배로 커지면 전위의 주변에서의 비뚤어짐 에너지가 커져서 비뚤어짐 에너지가 작은 전위로 분열한다. 또한, 위의 두개의 전위가 합체한 혼합 전위도 존재한다.

전위는 결정 속에서 loop를 만들어 결정 표면의 돌기로 나타난다. 따라서, 전위를 보기 위해서는 이방성 화학 에칭에 의해 전위의 부분에 구멍을 형성하여 광학 현미경으로 관찰하거나 전위 주변에서의 X선이나 전자의 굽어짐을 조사하는 X선 회절이나 전자 현미경을 쓴다.

1-5-3 면 결함

면 결함의 종류에는 결정 내부에서의 쌍결정(twin), 결정립계(grain boundary)나 적층 결함(stacking fault), 결정 표면 등이 있다.

쌍결정은 두개의 단결정이 어떤 결정학적 방향으로 접합하고 있는 상태를 말한다. 이 경우는 한 쪽의 결정을 어떤 결정축의 주위에 회전하는 것에 의해 원래의 상태로 되돌아간다. 이 축을 쌍결정 축이라고 한다.

결정립계는 다결정에 존재하는 결함으로서 단결정립 사이의 면 결합이다. 일반적으로 각 결정립의 방위각이 15°이하의 경우는 소경 각립계라고 부르고 인상 전위가 직선 상으로 나란히 서 있다. 한편, 방위각이 15°이상의 경우는 대경 각립계라고 하고 이제는 직선 상으로 나란히 선 인상 전위만으로는 설명할 수 없고 많은 빈 구멍 등의 격자 결함도 공존하고 있다.

결정 표면에서는 원자 배열의 주기성이 흐트러져서 미결합 수를 갖는 원자가 존재하므로 격자 결함을 형성하고 있다. 미결합 수는 dangling bond라고 부른다. Si 결정의 경우는 이 dangling bond에 H 또는 OH가 화학적으로 결합하고 있어 통상 자연 산화막을 형성하고 있다. 이 Si 결정을 고온으로 초고진공 가열하면 이 자연 산화막은 분해하여 Si 결정표면의 재배열

(reconstruction)이 일어난다. 이 표면 구조를 7×7구조라고 부르고 에너지 면에서 보다 안정된 표면 구조이다.

POINT

1. 반도체는 단결정, 다결정, 비정질로 분류된다. Si 단결정은 집적회로의
wafer 재료로서 반도체에서 중요한 재료이다. 다결정은 작은 단결정의
집합체로 태양 전지 재료로 쓰인다. 비정질은 glass상 구조로 박막
transistor 재료로서 주목되고 있다.

2. 반도체와 가장 관계가 깊은 입방정계는 Miller 지수(100), (110), (111)
및 (200)을 갖는 격자면을 갖는다(그림1-3). 여기서, Miller 지수 (hkl)
는 하나의 면을 나타내는 데 대하여 $(\bar{h}kl)$는 x 축의 음의 방향으로
교차하는 면을 나타내고, 또한$\{hkl\}$은 등가인 대칭성을 갖는 면, $[hkl]$
은 결정 내의 방향, $<hkl>$은 (hkl)면에 수직한 방향을 나타낸다.

3. 결정 구조는 공간격자의 대칭성으로부터 7군의 결정계가 있고, 반도체
에 있어서 중요한 입방정계에는 단순입방격자, 체심입방격자, 면심입
방격자의 Bravais 격자가 있다 (그림1-4).

4. IV족 원소의 반도체 C, Si, Ge는 입방정계에 속하며 Si를 예로 들면 1
개의 Si 원자가 4개의 Si 원자와 결합한 diamond형 구조를 갖고 이것
은 2개의 면심입방격자가 단위 세포의 대각선을 따라 그 길이의 1/4만
큼 움직인 구조로 되어 있다. 격자정수는 0.543 nm, 원자밀도는 5.0×10^{28} m^{-3}이다(그림1-5).

5. 발광 소자 재료로서 중요한 GaAs나 InP 등의 III-V 족 화합물 반도체
는 diamond형 구조의 Si 원자의 위치가 교대로 Ga와 As로 교체된 섬
아연광형 결정구조를 갖고 격자정수는 0.565 nm, 원자 밀도는 4.4×10^{28} m^{-3}이다(그림1-6). 또한, II-VI 족 화합물 반도체인 CdS는 육방
정계의 Wurtzite광형의 결정 구조에 속한다.

6. 실제의 결정의 격자면 지수(hkl)나 면 간격 $d(hkl)$는 격자 상수의 길
이에 가까운 Cu의 K$_{\alpha 1}$ ($\lambda = 0.1541$ nm)나 K$_{\alpha 2}$($\lambda = 0.1544$ nm)의
X선 원(고정)으로부터 입사각 θ 로 회전 시료에 입사한 X선과 2θ
의 일정한 각도로 회전하는 계수관으로 Bragg 반사 X선을 검지하는
X선 회절법으로, $2 d(hkl) \sin \theta = n \lambda$ ($n = 1, 2, 3, \cdots$) : Bragg의 법
칙에 의거하여 측정할 수 있다(그림1-7, 1-8).

7. 실제의 결정에서는 결정의 규칙성이 흐트러져 있기 때문에 결정의 불완전성 즉, 격자 결함에는 격자점의 사이에 있는 격자 사이 원자, 구성 원자가 표면에 이동하여 내부에 빈 격자점이 남는 Schottky형 결함, 격자 점을 빠진 원자가 격자 사이 원자로 빈 격자점과 대칭을 형성하는 Frenkel형 결함이 있다(그림1-9).

8. 결정이 규칙 바른 원자의 배열에 어긋남을 만드는 것을 전위라고 부른다. 미끄러짐의 발생의 방법에 의해 미끄러짐 Burgers-vector에 수직한 인상(edge) 전위와 평행한 나사(screw)전위가 있다(그림1-10).

[연습문제]

① 결정 Si의 비중이 2.33 g/cm³이고 Si 원자의 원자량이 28이다. Si 원자 1개의 질량은 얼마일까? 또한, 부피 1 cm³의 결정 Si 중에 포함되는 원자의 개수를 구하라.

② 실온에서 Si의 격자상수는 0.543 nm이다. 1 cm³당 Si 원자 수를 구하라. 또한, 실온에서의 Si의 밀도를 구하라.

③ Si 단결정은 그림1-5에 보이는 diamond형 구조를 갖는다. 이 단위 세포 속에 원자는 몇 개나 포함될까?

④ 두께 1 μm의 Si 결정의 박막에는 단위 세포가 몇 개 겹쳐 쌓이고 있는가?

⑤ Si 및 GaAs 단결정에 있어서의 최근접 원자 사이 거리 d를 구하라. 또한, Si 및 GaAs 단결정에서 1 cm³에 포함되는 Si 및 Ga의 각각의 개수를 구하라.

쉬
어
가
는
코
너

결정이 주기성을 갖는 것을 이론적으로 또한 실험적으로 설명하는 학술서가 나타난 것은 1930년이 되어서이다. 이 학술서는 독일, 영국이나 프랑스 등의 유럽에서 행해진 오랜 세월의 연구 성과에 근거하고 있고 그 후의 고체물리 (Solid-State Physics) 발전의 기초를 쌓았다. 결정의 주기성을 증명하는 유명한 Bragg의 식이 나타난 것은 1913년이고 1900년 초에는 수많은 영재가 나타나 현재의 고체 물리의 기초를 쌓았다.

2. 격자의 열 진동

앞장에서는 원자가 격자 점의 위치에 규칙적으로 정확하게 배열하고 있는 것을 기술하였다. 그러나, 결정은 어떤 온도 $T[K]$의 상태에 있으면 원자는 열 에너지를 갖고 평형 위치를 중심으로 격렬히 진동하고 있다. 이 현상을 정확히 취급하기 위해서는 양자론에서의 전개가 필요하지만 본 장에서는 준비 단계로서 고전론에 의한 진동에 대해서 학습한다.

2-1 음파의 진동

공기 중에서 소리가 전해지는 것같이 고체 내에서도 음파는 전해진다. 공기 중의 음파는 질소나 산소 분자의 소밀이 전달된다. 소위 종파이다. 종파에서는 분자의 변동 위치(변위)가 파의 전파 방향과 같지만 횡파는 변위와 전파 방향이 다르다.

고체 속에서는 종파도 횡파도 존재한다. 0 K에서는 원자는 서로 결합하면서 격자의 평형 위치에 정지하고 있다. 단순화하여 일차원 결정의 경우를 생각한다. 이 일차원 결정의 일부에 어느 정도의 변위를 주면 결정 속의 원자는 서로 접촉하고 있기 때문에 그 변위는 결정 속을 전파해 간다.

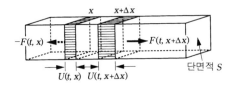

그림 2-1 일차원 막대 속의 종파의 전달

그림2-1에 보인 단면적 S를 갖는 일차원의 막대를 x축 방향으로 종파가 진행하여 가는 경우를 생각한다. 막대가 평형상태에 있을 때, 시간 t에서는 각각 x 및 $x+\Delta x$의 위치가 종파에 의해 $x+u(t, x)$ 및 $x+\Delta x+u(t, x+\Delta x)$로 이동한다. x와 $x+\Delta x$ 사이의 미소 부분의 변위에 의해 x축으로 이동하는 힘 F는 다음 운동 방정식에 의해 기술된다. 밀도를 ρ으로 하면

$$\rho S \Delta x \frac{\partial^2 u}{\partial t^2} = F(t, x+\Delta x) - F(t, x) \approx \frac{\partial F}{\partial x} \Delta x \qquad (2\text{-}1)$$

Young율 E는 응력과 비뚤어짐의 비이기 때문에

$$E = \frac{F/S}{\dfrac{\partial u}{\partial x}} \qquad (2\text{-}2)$$

$$F = SE \frac{\partial u}{\partial x} \qquad (2\text{-}3)$$

가 된다. 식(2-3)의 양변을 x로 미분하여 식(2-1)을 대입하면

$$\frac{\partial^2 u}{\partial t^2} = \frac{E}{\rho} \frac{\partial^2 u}{\partial x^2} \qquad (2\text{-}4)$$

이 된다. 이 식은 막대를 전해지는 종파의 파동 방정식이다.

파의 속도 v_L라고 하면 t시간 후의 파의 운동 방정식은 다음 식으로 표현된다.

$$u(x, \ t) = Af(x - v_L \cdot t) \tag{2-5}$$

A는 진동파의 진폭이다. 파의 파장을 λ, 진동수를 ν으로 하면 파의 속도는

$$v_L = \lambda \cdot \nu \tag{2-6}$$

이다. 파의 파장과 진동수는 파수 k와 각주파수 w의 사이에 다음 관계가 있다.

$$\lambda = 2\pi/k \tag{2-7}$$

$$\nu = w/2\pi \tag{2-8}$$

$$v_L = w/k \tag{2-9}$$

식(2-9)을 식(2-5)에 대입하여 복소수 표현으로 일반화하면 파의 운동 방정식은 다음 식으로 표현된다.

$$u(x, \ t) = A \exp \ [\,j(kx - wt)\,] \tag{2-10}$$

식(2-10)을 식(2-4)에 대입하면

$$w^2 = \frac{E}{\rho} k^2 \tag{2-11}$$

이 된다. 막대를 전파해 가는 파의 속도 v_L는 식(2-9)을 써서 다음 식으로 표시된다.

$$v_L = \frac{w}{k} = \sqrt{\frac{E}{\rho}} \tag{2-12}$$

2-2 한 종류의 원자로 이루어진 격자의 진동

일차원 격자를 형성하는 원자가 그림2-2에 보이는 것같이 질량 m 을 갖고 기계적으로 결합되어 있다고 생각한다. 원자 사이에는 Hook의 법칙이 성립하고 n 번째의 원자의 평형 위치로부터의 변위를 U_n, 원자 사이의 힘의 상수를 α으로 하면, n 번째의 원자의 운동 방정식은 다음 식으로 기술된다.

$$m\frac{\mathrm{d}^2 U_n}{\mathrm{d}t^2} = -\alpha(U_n - U_{n-1}) + \alpha(U_{n+1} - U_n) \tag{2-13}$$

$$= \alpha(U_{n+1} + U_{n-1} - 2U_n) \tag{2-14}$$

여기서, 식(2-13)의 우측의 제1항은 $(n-1)$번째의 원자에 의한 왼쪽 방향에의 힘, 제2항은 $(n+1)$번째의 원자에 의한 오른쪽 방향에의 힘이다.

파의 변위 식(2-10)을 식(2-14)에 대입하여 그 미분 방정식을 푼다. 여기서 변위는 격자 점의 변위만을 구하기 때문에 U_n에 대하여 $x = n\alpha$, U_{n+1}에 대하여 $x = (n+1)\alpha$으로 두면

$$-mw^2 = \alpha[\exp(\mathrm{j}k\alpha) + \exp(-\mathrm{j}k\alpha) - 2] \tag{2-15}$$

가 된다. Euler의 공식 ($\exp(\mathrm{j}x) = \cos x + \mathrm{j}\sin x$)을 써서 정리하고 ω에 대해서 풀면,

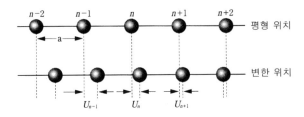

그림 2-2 질량 m의 원자로 이루어지는 일차원 격자에 의한 원자의 변위

$$w^2 = \frac{2\alpha}{m}(1 - \cos k\alpha) = \frac{4\alpha}{m}\sin^2\left(\frac{k\alpha}{2}\right) \qquad (2\text{-}16)$$

가 되기 때문에 ω는 식(2-17)으로 표현된다.

$$\omega = 2\sqrt{\frac{\alpha}{m}}\left|\sin\left(\frac{k\alpha}{2}\right)\right| \qquad (2\text{-}17)$$

이 각 주파수와 파수의 관계를 그림2-3에 보인다. 파수가 대단히 작은 경
우, 즉 식(2-7)부터 파장이 길 때 각 주파수 ω도 작다. 일반적으로 파수가
$2\pi/a$의 정수 배만 다를 때는 같은 곡선으로 보인다. 따라서, 파수로서 의미
가 있는 것은 그림2-3의 1주기분, 즉 k의 범위에서,

$$-\pi/a \leq k < \pi/a \qquad (2\text{-}18)$$

가 된다. 이 범위를 제 1 Brillouin 대역이라고 한다.

x축 방향의 원자의 변위 U_n은 간략화를 위해 $t=0$로 하고 식(2-10)의 실
수항만을 고려하면,

$$U_n = A\cos kx \qquad (2\text{-}19)$$

가 된다. 이 식에 대하여 $k=\pi/2a$ 및 $k=5\pi/2a$의 시간의 변위를 그림2-4
에 보인다. 검은 점으로 표시한 원자의 위치는 $k=\pi/2a$ 및 $k=5\pi/2a$의 곡
선 양쪽 모두에 일치하고 있다.

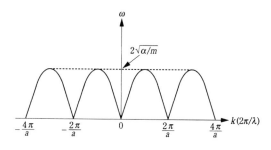

그림 2-3 일차원 격자를 운반하는 각주파수 ω와 파수 k의 관계

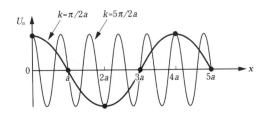

그림 2-4 $k=\pi/2a$ 및 $k=5\pi/2a$ 시의 각 입자의 변위

2-3 두 종류의 원자로 이루어지는 격자의 진동

그림 2-5에 보인 질량 M과 $m(M>m)$의 다른 원자가 교대로 나란히 선 일차원 격자를 생각하고 그 격자 진동에 대해서 언급한다. M과 m의 원자의 변위를 각각, U_n와 u_n으로 하자. 식(2-14)과 같이 최근접 원자만을 고려하면 그 운동 방정식은 다음 식으로 기술된다.

$$M\frac{\mathrm{d}^2 U_n}{\mathrm{d}t^2} = \alpha(\,u_n + u_{n-1} - 2U_n\,) \tag{2-20}$$

$$m\frac{\mathrm{d}^2 u_n}{\mathrm{d}t^2} = \alpha(\,U_{n+1} + U_n - 2u_n\,) \tag{2-21}$$

변위의 식은 식(2-10)과 같은 모양으로 다음 식으로 표된다.

$$U_n = A_M \exp\{\mathrm{j}(kna - \omega t)\} \tag{2-22}$$

$$u_n = A_m \exp\{\mathrm{j}(kna - \omega t)\} \tag{2-23}$$

이들의 식을 식(2-20)과(2-21)에 대입하면

$$-\omega^2 M A_M = \alpha A_m[1 + \exp(-\mathrm{j}ka)] - 2\alpha A_M \tag{2-24}$$

$$-\omega^2 m A_m = \alpha A_M[1 + \exp(\mathrm{j}ka)] - 2\alpha A_m \tag{2-25}$$

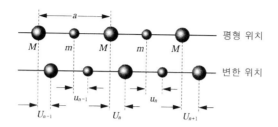

그림 2-5 질량 M과 m의 두 종류의 원자로 이루어지는 일차원 격자에 의한 원자의 변위

이 된다. 이 연립 방정식의 해를 얻기 위해서는 다음 행렬식을 만족하지 않으면 안 된다.

$$\begin{vmatrix} 2\alpha - M\omega^2 & -\alpha[1+\exp(-jka)] \\ -\alpha[1+\exp(jka)] & 2\alpha - m\omega^2 \end{vmatrix} = 0 \qquad (2\text{-}26)$$

따라서, 식(2-26)을 정리하면,

$$Mm\omega^4 - 2\alpha(M+m)\omega^2 + 2\alpha^2(1-\cos ka) = 0 \qquad (2\text{-}27)$$

이 되고, 이 식은 ω^2의 2차 방정식이기 때문에

$$\omega_{\pm}^2 = \frac{\alpha(M+m)}{Mm}\left[1\pm\sqrt{1-\frac{4Mm}{(M+m)^2}\sin^2\left(\frac{ka}{2}\right)}\right] \qquad (2\text{-}28)$$

로 된다. 여기서, $\omega_{\pm}$는 위 식의 $\pm$에 대응하고 있고 $\omega-k$의 분산관계는 두 개를 분리하는 것을 뜻하고 있다. 식(2-28)의 $\omega-k$ 관계를 그림2-6에 보인다. 그림 내의 점선부를 금지대라고 한다. 그림2-3과 같이 $\omega-k$의 관계는 $2\pi/a$의 주기성을 갖고 $-\pi/a < k \leq \pi/a$ 사이의 제1 Brillouin 영역이 물리적으로 의미가 있다. 여기서, $k=0$과 $k=\pi/a$의 두 경우에 대하여 그것들의 진동에 대해서 조사하여 본다. $k=0$은 파장이 무한대의 경우가 되지만 파장이 대단히 긴 경우를 생각하는 데에 참고가 된다.

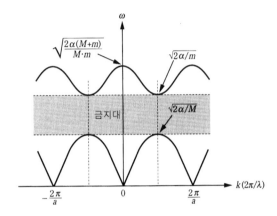

그림 2-6 두 종류 원자로 이루어지는 일차원 격자를 전달하는 파동 각주파수 ω와 파
수 k의 관계

(1) $k=0$의 경우

식(2-28)으로부터 두개의 ω가 얻어진다.

$$\omega_+ = \sqrt{\frac{2a(M+m)}{Mm}}\,, \quad \omega_- = 0 \qquad\qquad (2\text{-}29)$$

ω_-는 음향 모드(acoustic mode)라고 부른다. 음향 모드라고 부르는 것은
음파가 고체 속을 전파하는 매체의 진동과 같기 때문이다. 한편, ω_+은 1종
류의 원자의 진동에서는 보이지 않는 진동 모드이고 광학 모드(optical mode)
라고 부른다. k가 0에 가깝게 되더라도 0이 되지 않고, 식(2-29)에 보인 값
에 가까이 간다.

여기서, 질량이 다른 두개의 원자 사이의 변위비 β를

$$\beta = u_n/U_n = A_m/A_M \qquad\qquad (2\text{-}30)$$

라 하면, 식(2-24)과 (2-25)부터 β는 다음 식으로 표된다.

$$\beta = \frac{a[\exp(jka)+1]}{2a-\omega^2 m} = \frac{2a-\omega^2 M}{a[1+\exp(-jka)]} \qquad\qquad (2\text{-}31)$$

식(2-31)에, $k=0$과 $\omega_-=0$를 대입하면 $\beta=1$이 된다. 즉, 이웃한 다른 원자의 변위의 크기는 같고 그림2-7(a)과 같이 된다.

한편, 식(2-31)에 $k=0$과 $\omega_+=\sqrt{2\alpha(M+m)/Mm}$ 을 대입하면 광학 모드의 변위비 β 는

$$\beta=-M/m \tag{2-32}$$

이 된다. 이 식은 그림2-7(b)에 보이는 것같이 이웃한 원자는 그 질량에 반비례하여 서로 반대 방향으로 진동하는 것을 의미한다.

(2) k가 작고, $\sin(ka/2)\cong(ka/2)$의 경우

$$\omega_+^2\approx2\alpha(M+m)/Mm,\quad \omega_-^2=\alpha k^2a^2/2(M+m) \tag{2-33}$$

(3) $k=\pi/a$에서 $M>m$의 경우

$k=\pi/a$를 식(2-28)에 대입하면,

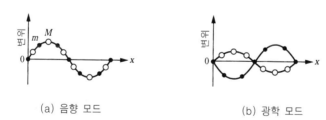

(a) 음향 모드   (b) 광학 모드

그림 2-7 $k\sim0$시의 두 종류의 원자로 이루어지는 1차원 격자의 진동

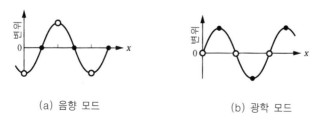

(a) 음향 모드   (b) 광학 모드

그림 2-8 $k=\pi/a$시의 두 종류의 원자로 이루어지는 1차원 격자의 진동

$$\omega_+ = \sqrt{2a/m}, \quad \omega_- = \sqrt{2a/M} \tag{2-34}$$

를 얻는다. 음향 모드, 즉, ω_-를 식(2-31)에 대입하면 $u_n = 0$이 된다.

　광학 모드의 ω_+는, 식(2-31)의 분모가 0, 즉 $U_n = 0$가 된다. 이것들의 결과를 그림2-8에 보인다. 음향 모드에서는 가벼운 원자는 진동하지 않고 무거운 원자만 진동하고 있다. 한편, 광학 모드에서는 반대로 가벼운 원자가 진동하고 무거운 원자는 정지하고 있다.

2-4 실제 결정의 진동

　실제의 결정 격자는 삼차원 격자이고 그 진동 모드는 복잡하다. 여기서는 우선 실제의 결정 격자에 대해서 정성적으로 기술하고 구체적 예로서 Si 단결정에 대한 $\omega - k$의 분산관계에 대해서 소개한다.

　결정의 기본 격자 내에 n개의 원자가 존재하는 경우를 생각한다. 이 경우 격자 진동의 기준 모드는 격자 내의 원자 운동의 자유도 즉, 직교 좌표계에서 x, y, z의 3축이 있는 것으로 $3n$개의 모드가 존재한다. 이 $3n$개의 기준 모드 중에 3개는 음향 모드이고 $3n-3$개는 광학 모드이다. 등방결정에서는 2개의 횡파와 하나의 종파에 해당한다.

　Si 결정에 관한 격자 진동의 계산에서는 그림2-9에 보이는 $\omega - k$의 분산 관계가 보고되어 있다. 그림 중에 음향 모드가 LA의 종파와 TA의 횡파의 두개의 모드, 광학 모드가 LO의 종파와 TO의 횡파의 두개의 모드가 보이고 있다. Si 결정은 삼차원 구조를 갖고 있기 때문에 $\omega - k$의 분산 관계는 삼차원적으로 그릴 필요가 있지만 여기서는 [001] 방향에 대한 Si 결정의 분산 관계만을 보인다. Si 같은 diamond 구조에서는 기본 격자에 2개의 원자가 포함되어 있다. 하지만 $n = 2$, 즉 3개의 음향 모드와 3개의 광학 모드가 존재한다. 그러나, Si는 등방 결정이기 때문에, 두개의 횡파는 중복되고 구별을 할 수 없게 된다(축퇴(縮退)라 한다).

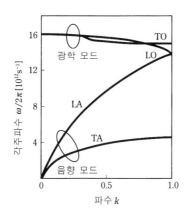

Si[001]방향에 의한 격자 진동의 $\omega - k$ 관계
LA : 종파 음향 모드, TA : 횡파 음향 모드
LO : 종파 광학 모드, TO : 횡파 광학모드

2-5 격자 진동의 적외선 흡수

많은 이온 결정에서는 적외선 흡수의 파장은 $10 \sim 100 \, \mu$m의 사이에 들어
간다. 예를 들면, NaCl에서는 파장 61 μm, KCl에서는 71 μm에서 격자 진동
에 의한 흡수가 생긴다. 30 μm에 강한 흡수를 보이는 물질이 있다고 하면
그 진동수는 $\nu = 1 \times 10^{13} \, \text{s}^{-1}$이 된다. 이 파장을 파수로 고치면 $k = 2\pi / \lambda$
$\approx 2 \times 10^{3} \, \text{cm}^{-1}$이 되고 이 값은 격자 진동의 대역폭 $k_m = 2\pi / \text{a} \approx 10^{8} \, \text{cm}^{-1}$
보다도 훨씬 작다. 따라서, 적외선의 흡수에 관계하는 진동 모드는 그림2-6
의 $k \approx 0$ 근방으로 광학적 진동 곡선의 평탄한 부분에 해당한다. 이 광학적
진동수는 식(2-29)부터

$$\omega_0 = \omega_+ = \sqrt{\frac{2a(M+m)}{Mm}} \qquad (2\text{-}35)$$

광학적 진동 $k=0$의 극한에 대하여 두 가지의 원자 진동의 진폭을 구하
여 본다.

결정에 입사한 전자파의 전계가 $E = E_0 \exp(j\omega t)$로 변화한다. 이온 결정이 $-q$와 $+q$의 전하를 갖는 양, 음의 이온으로 이루어진다고 하면, 이온 사이에 작용하는 힘은 $\pm q E_0 \exp(j\omega t)$으로 된다. 이것을 식(2-20)과 (2-21)에 대입하여 $k = 0$로 하면,

$$-m\omega^2 A_m = 2\alpha(A_M - A_m) - qE_0 \qquad (2\text{-}36)$$

$$-M\omega^2 A_M = -2\alpha(A_M - A_m) + qE_0 \qquad (2\text{-}37)$$

이 된다. 이것을 A_M과 A_m에 대해서 풀면,

$$A_M = \frac{(q/M)E_0}{\omega_0^2 - \omega^2}, \quad A_m = \frac{-(q/m)E_0}{\omega_0^2 - \omega^2} \qquad (2\text{-}38)$$

로 된다. ω_0는 식(2-29)의 광학 모드의 각주파수 ω_+과 같다. 이제부터 입사광의 진동수가 광학적 진동의 진동수와 일치하면 A_M과 A_m의 진폭은 무한히 커져서 적외선 흡수가 관찰된다. 한편, 빛의 흡수에 의해 여기된 광학적 진동 모드는 외부로 동일 진동수의 빛을 방사하며 감쇠하고 이것 때문에 흡수가 보이는 파장으로 반사의 극대가 되는 것도 이해된다.

반도체에서는 일반적으로 이온성이 작기 때문에 이러한 반사나 흡수는 관측되기 어렵다. ZnS나 CdS 등의 화합물 결정에서는 다소 이온성이 있기 때문에 반사의 극대가 관측된다. 그러나, Ge나 Si 반도체 결정에서는 이온성이 작고 격자 진동에 의한 적외선 흡수는 거의 관측되지 않는다.

2-6 격자 진동의 양자화

지금까지 고전적으로 격자 진동을 취급하여 왔다. 식(2-10)의 파의 운동 방정식은 조화 진동자의 식이라고도 하고 실제의 격자 진동에서는 각종의 조

화 진동자의 합으로 표시된다. 이 조화 진동자는 주기계이므로 격자 진동을 양자 역학적으로 푸는 것은 용이하다. 주파수 ν를 갖는 전자파의 에너지는 양자화되어 $h\nu$라는 에너지를 갖는 phonon으로 표시된다. 한편, 격자 진동을 양자화하는 경우는 에너지 $\hbar\omega(\hbar = h/2\pi)$를 갖는 phonon을 가정한다. 이와 같이 양자화를 하면 각주파수 ω를 갖는 격자진동의 에너지는 다음 식으로 주어진다.

$$E = \left(n + \frac{1}{2}\right)\hbar\omega \qquad (2\text{-}39)$$

$n :$ 정수 $(0, 1, 2, \cdots)$

이 식은 3-2절에서 말하는 양자론에 의거하는 Schrödinger의 파동 방정식 (식(3-15))에 식(2-10)의 조화 진동자의 식을 대입하여 얻어진다.

phonon의 양자 역학적 천이에서는 이웃하는 에너지 준위 사이만이 허용되고 에너지 변화는 $\hbar\omega$가 된다. 격자 진동에서는 phonon의 흡수 및 방사에 의해 격자와 다른 계와의 에너지의 교환이 행하여진다.

각주파수 ω의 준위에 존재하는 phonon 입자의 평균수 $\langle n(\omega)\rangle$는 온도 T에서 다음 식으로 표시된다.

$$\langle n(\omega)\rangle = \frac{1}{\exp\left(\dfrac{\hbar\omega}{k_B T}\right) - 1} \qquad (2\text{-}40)$$

이 식은 Plank의 분포 법칙으로 알려져 있다.

2-7 격자 진동과 열 현상

이상으로 격자 진동의 사고방식에 대해서 말하여 왔지만 실제의 열 현상을 설명할 수 있을까? 열 현상으로서는 적외선 영역에서의 빛 흡수와 반사,

내부 에너지의 온도변화나 열전도 등이 있다. 여기서는 내부 에너지의 온도 변화 즉 비열에 대해서 기술한다.

고체의 비열을 지배하는 현상에는 격자 진동과 전도 캐리어에 의한 열 운동이 있다. 금속에서는 후자의 전도 캐리어에 의한 열 운동이 지배적이다. 한편, 반도체에서는 격자진동이 비열을 좌우한다. 고체의 비열은 부피를 일정하게 유지한 정적 비열을 의미하고 내부 에너지 U의 온도 변화로서 다음 식으로 나타낸다.

$$C_V = \left(\frac{\partial U}{\partial T} \right)_V \tag{2-41}$$

Einstein은 간략화를 위해 상호 독립적인 조화 진동자는 전부 같은 각주파수 ω_0으로 진동하고 있다고 가정하였다. 이것은 그림2-9에 보이는 Si의 $\omega - k$의 관계로부터 알 수 있는 것같이 각 주파수가 그다지 변화하지 않는 광학 모드만을 고려하고 있는 것에 대응하고 있다.

내부 에너지는 삼차원적으로 진동하고 있는 격자의 전 에너지이기 때문에 계에 포함된 원자의 수 N을 고려하면,

$$U = 3N < n > \hbar \omega_0 \tag{2-42}$$

식(2-40)을 위 식에 대입하면,

$$U = \frac{3N\hbar\omega_0}{\exp\left(\dfrac{\hbar\omega_0}{k_B T}\right) - 1} \tag{2-43}$$

가 된다. 비열은 식(2-43)을 온도 T로 미분하여 다음 식으로 된다.

$$C_V = \left(\frac{\partial U}{\partial T} \right)_V = 3Nk_B \left(\frac{\hbar\omega_0}{k_B T} \right)^2 \frac{\exp\left(\dfrac{\hbar\omega_0}{k_B T}\right)}{\left\{ \exp\left(\dfrac{\hbar\omega_0}{k_B T}\right) - 1 \right\}^2} \tag{2-44}$$

여기서, 온도가 높아 $k_B T \gg \hbar\omega_0$의 경우는 지수 함수를 Taylor 전개하면 위 식은,

$$C_V = 3Nk_B \tag{2-45}$$

과 같이 간단히 된다. 이 식은 Dulong-Petit의 법칙과 일치한다.

한편, $k_B T \ll \hbar\omega_0$의 저온 영역에서는 지수 항이 우세하게 되기 때문에 식(2-44)은

$$C_V \propto \exp\left(-\frac{\hbar\omega_0}{k_B T}\right) \tag{2-46}$$

이 되고 온도의 감소와 동시에 비열은 감소한다.

Si와 Ge 결정의 비열의 실측값를 그림2-10에 보인다. 이것들의 실측값은 식(2-45)과(2-46)의 계산값과 경향은 맞지만 저온 영역에서의 일치는 충분하지 않다. 광학 phonon의 에너지값은 온도로 환산하면 $200 \sim 400\,\mathrm{K}$가 되기 때문에 저온에서는 광학 phonon은 거의 존재하지 않을 것이다.

따라서, 저온 영역에서는 음향 phonon이 지배적일 것이다. Debye는 이 음향 phonon을 받아들여 비열의 식을 이끌어냈다. Debye의 식은,

$$C_V = 9Nk_B T\left(\frac{T}{\Theta}\right)^3 \int_0^{\Theta/T} \frac{x^3}{e^x - 1}\,dx \tag{2-47}$$

로 주어진다. 여기서, $x = \hbar\omega/k_B T$이다. 이 모델에서는 각주파수가 작은 쪽으로부터 순차로 3N개의 음향 모드가 여기(勵起)된다고 가정하였다. 그 중에서 최대의 각주파수를 ω_D로 하면,

$$x_D \equiv \hbar\omega_D/k_B T \equiv \Theta/T \tag{2-48}$$

로 주어지는 특성 온도 Θ를 Debye 온도로 정의한다. Debye 온도란 격자 진동의 에너지를 온도로 바꿔 놓았을 때에 몇 도에 해당하는가를 나타내고 있다.

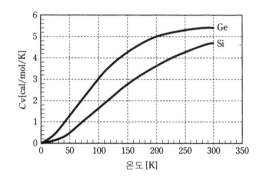

그림 2-10 Si과 Ge 결정의 정적비열의 온도 변화

$T \gg \Theta$의 고온 영역에서는 $e^x - 1 \approx x$로 근사할 수 있기 때문에 Debye 모델에 의한 비열은 식(2-45)과 일치한다.

또한, 저온 $T \ll \Theta$에서는

$$C_V = \frac{12}{5}\,\pi^4 N k_B \left(\frac{T}{\Theta}\right)^3 \tag{2-49}$$

이 된다. 이 식은 Debye의 T^3법칙이라고 부르고 실험 데이타를 잘 설명한다.

POINT

1 격자 점에 있는 원자는 거의 kT 의 열 에너지에 의해서 평형 위치의
주위에 진동수 ν 로 진동하고 격자진동은 양자 $h\nu$ (h 는 Plank의 상수)라
는 phonon의 집합으로서 나타낼 수 있다.

2 Si 같은 diamond 구조의 기본 격자에서는 어떤 방향에 있는 질량 M 과 m
의 두 가지의 원자를 포함하는 진동 모드에 광학 모드와 음향 모드의
분산관계가 있다(그림2-7~그림2-9).

3 이온성이 작은 Si나 Ge 반도체 결정에서는 격자 진동에 의한 적외선
흡수가 거의 관측되지 않지만 이온성이 있는 ZnS나 CdS의 II - VI족
화합물 반도체에서는 적외선 흡수가 관측된다.

4 Si나 Ge 반도체 결정에서는 격자 진동이 비열을 좌우하고 Debye 온도
보다 높은 고온에서는 Dulong-Petit의 법칙에 따라서 일정한 비열3R(R
은 기체상수)이 되고, Debye 온도보다 높은 고온에서는 Debye의 T^3 법
칙을 따르고 실험 데이타를 잘 설명한다(그림2-10).

[연습문제]

① 1차원 2원자 격자에 대하는 광학적 및 음향학적 phonon의 분산 관계에
관하여 설명하라.

② 단체를 만드는 원자는 같은 진동수를 갖는 서로 독립인 3차원 조화진동
자로 구성되어 있다고 근사(Einstein 모형)할 때, 고체의 비열을 구하라.
특히, 고온에서는 Dulong-Petit의 법칙이 성립하는 것을 보여라.

③ Debye 모델을 이용하여 고체의 비열을 구하라. 저온에서는 비열은 온도의 3승에 비례하는 것과 고온에서는 Dulong-Petit의 법칙이 성립하는 것을 보여라.

④ Si와 Ge 단결정의 격자 진동에 의한 적외선 흡수는 어떠한 것일까? 또한, 그 비열은 Debye 온도를 경계로 하여 어떤 법칙으로 근사할 수 있을까? 또한, Debye 온도란 어떠한 온도인가 설명하라.

비열의 온도 변화를 설명하는 이론에 관한 연구도 1900년 초에 행하여졌다. 유명한 Einstein의 연구는 1907년에 발표되었고 당시 유행하고 있던 양자론(quantum theory)에 의거하고 있다. 저온에서의 변화를 훌륭히 설명한 Debye의 논문은 1912년에 발표되었다. 두 이론 모두 양자론을 기초로 하여 저온에서의 비열의 온도 변화를 훌륭히 설명하였다. 1926년에는 유명한 Schrödinger의 파동 방정식이 나타난다. 고체 내의 전자의 움직임을 파동으로 해석하여 고체 내의 전자의 에너지준위를 이론적으로 계산하였고 실험 데이타를 훌륭히 설명하였다. 그 후 반도체의 band 이론으로 발전하여 간다.

쉬어가는코너

3. 고체의 band 이론

금속은 전기를 통과시키는 도체이고 그 물리적 성질은 규칙적으로 배열한 양 이온 사이를 돌아다니는 전도 전자의 성질에 의해 결정된다. 양 이온과 전도 전자의 사이에 정전기력이 존재하지 않은 자유전자 모델을 가정하고 고체 내의 전도 전자의 성질을 조사한다. 이 자유 전자 모델을 기초로 규칙 적으로 배열한 양 이온에 의한 주기적 포텐셜을 가정하여 Schrödinger(1926) 의 파동 방정식을 풀어서 에너지 대의 개념을 이끌어 내고 반도체의 전기 전도 현상을 잘 설명할 수 있는 전자의 에너지 band 구조를 학습한다.

3-1 결정 내의 에너지 상태

원자가 기체 상태일 때 원자 내의 전자는 불연속인 에너지의 값을 갖고 있 다. 예를 들면, 원자 번호 Z의 원자 에너지는 다음 식으로 표시된다.

$$E_n = -\frac{m}{2\hbar^2} \cdot \frac{Z^2 q^4}{(4\pi\varepsilon_0)^2} \cdot \frac{1}{n^2} \qquad (3\text{-}1)$$

ε_0 : 진공의 유전율, m : 전자의 질량, q : 전자의 전하

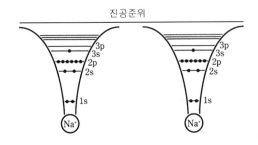

(a) 고립된 원자내의 원자의 포텐셜

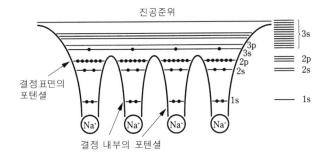

(b) Na 결정에서의 전자의 포텐셜 및 에너지 준위 3s는 결정전체에 넓게
   퍼져 우측에 표시한 것과 같이 근접한 에너지 준위로 분리한다.

그림 3-1   고립된 원자 및 결정내부의 원자의 포텐셜

n은 정수이며, 수소는 $n=1$에서 그 에너지는 $E_1 = -13.6\,\text{eV}$가 된다. n = 2, 3,⋯ 에서는 $E_2 = E_1/4$, $E_3 = E_1/9$,⋯가 된다. 금속 결정에서는 전도 전자가 금속 결정의 내를 자유롭게 움직이고 있다. 이 자유 전자의 움직임을 1가 금속인 Na를 예로 생각하여 본다. Na는 11개의 전자를 갖고 있고 그림3-1에 보이는 것 같이 포텐셜의 가장 밑의 준위로부터, 1s, 2s, 2p, 3s의 궤도의 순서로 전자가 채워져 있다. 최외각의 3s 궤도에는 1개의 전자밖에 들어가 있지 않다. 개개의 원자가 떨어져 고립되어 있는 경우에 전자의 에너지 준위는 식(3-1)에 보이는 불연속인 값을 갖는다.

Na 원자가 가까이 다가오면 원자의 포텐셜은 서로의 원자에 영향을 주어 포텐셜의 산의 높이는 낮게 된다. Na 결정에서는 포텐셜 산의 높이는 3s 궤

도의 에너지보다 작게 되고 그 결과, 3s 궤도의 전자는 Na 결정 내를 자유롭게 돌아다니게 된다. 또한, 각각의 준위는 서로의 원자의 영향으로 에너지대(energy band)를 형성한다. 3s와 3p 궤도에 의한 에너지대는 중복되고 Pauli의 원리로부터 3s에는 2개의 전자, 3p 궤도에는 6개가 들어가므로 3s 궤도의 1개의 전자는 3s와 3p의 에너지대를 자유로이 돌아다니게 된다. 일반적으로 N개의 동등한 원자를 갖는 결정에서는 1개의 원자 궤도의 에너지는 어떤 폭을 갖는 에너지대를 만들고 그 대의 내에는 N개의 에너지 상태가 포함되고 spin까지 고려하면 2N개의 에너지 상태가 생긴다.

3-2 Schrödinger의 파동 방정식

고체 내의 전자는 입자와 파동의 양면을 갖고 있고 파동으로서의 성질은 진폭, 주파수와 파수(혹은 파장)로 나타내진다. 그 전자의 운동은 그 상태를 나타내는 파동 함수로 표시되고 Schrödinger의 파동 방정식을 푸는 것이 요구된다.

여기서는 일차원의 간단한 경우에 대해서 생각한다. 식(2-4)에 보이는 것 같이 변위의 시간적, 위치적 변화, 즉 파의 상태를 가리키는 파동함수 $\Psi(x, t)$은 다음 파동 방정식을 따른다.

$$\frac{\partial^2 \Psi(x,\ t)}{\partial x^2} = \frac{1}{v_L^2} \cdot \frac{\partial^2 \Psi(x,\ t)}{\partial t^2} \tag{3-2}$$

여기서 v_L은 파가 진행하는 위상속도이다.

x 방향으로 진행하는 파는 이미 식(2-10)에 보인 것 같이 다음 식으로 표시된다.

$$\Psi(x,\ t) = A \exp[\mathrm{j}(kx - \omega t)] \tag{3-3}$$

전자의 파장 및 운동량의 사이에는 de Broglie의 관계식,

$$P = h/\lambda \qquad (3\text{-}4)$$

가 성립한다. 이 관계식은 이후의 에너지의 식(3-22)부터 $P = \hbar k$가 얻어지기 때문에

$$P = \hbar k = \frac{h}{2\pi} \cdot \frac{2\pi}{\lambda} = \frac{h}{\lambda} \qquad (3\text{-}5)$$

가 된다. 여기서 $\hbar$는 에이치바로 읽는다. 파의 에너지는 $E = h\nu$이기 때문에 k와 ω는

$$k = \frac{P}{\hbar}, \quad \omega = 2\pi\nu = \frac{E}{\hbar} \qquad (3\text{-}6)$$

로 된다. 이 식을 식(3-3)에 대입하고,

$$\Psi(x,\ t) = A \exp\left[\frac{\mathrm{i}}{\hbar}(Px - Et)\right] \qquad (3\text{-}7)$$

가 된다.

전자가 갖는 에너지 E는 운동 에너지와 포텐셜 에너지 V의 합이기 때문에

$$E = \frac{P^2}{2m} + V \qquad (3\text{-}8)$$

이 된다. 여기서 식(3-7)을 t와 k로 편미분하여 다음 식을 얻는다.

$$\frac{\partial \Psi}{\partial t} = \frac{-\mathrm{i}}{\hbar} E\Psi, \quad \frac{\partial^2 \Psi}{\partial x^2} = -\frac{P^2}{\hbar^2}\Psi \qquad (3\text{-}9)$$

이것을 식(3-8)에 대입하여

$$\mathrm{j}\hbar \frac{\partial \Psi}{\partial t} = -\frac{\hbar^2}{2m} \cdot \frac{\partial^2 \Psi}{\partial x^2} + V\Psi \qquad (3\text{-}10)$$

가 도출된다. 이 식이 Schrödinger의 일차원 파동 방정식이다. 3차원으로 확장하면,

$$j\hbar\frac{\partial \Psi}{\partial t} = -\frac{\hbar^2}{2m}\nabla^2\Psi + V\Psi \tag{3-11}$$

$$\nabla^2 = \frac{\partial^2}{\partial x^2} + \frac{\partial^2}{\partial y^2} + \frac{\partial^2}{\partial z^2} \tag{3-12}$$

가 된다. ∇^2는 Laplatian이라고 한다.

일반적으로 결정 내의 전자의 상태를 취급하는 경우는 포텐셜 에너지가 시간적으로 변화하지 않는 정상상태를 취급하는 것이 많다. 파동함수가 포텐셜 변화의 항과 시간 변화의 항의 곱으로 표시된다고 가정하면

$$\Psi(x,\ t) = \phi(x)\eta(t) \tag{3-13}$$

가 된다. 식(3-9)에서, 시간 항은

$$j\hbar\frac{d\eta(t)}{dt} = E\eta(t) \tag{3-14}$$

이기 때문에 식(3-10)을 변형하여

$$-\frac{\hbar^2}{2m} \cdot \frac{d^2\phi(x)}{dx^2} + \{V(x)-E\}\phi(x) = 0 \tag{3-15}$$

가 얻어지고, 이 식은 시간을 포함하지 않은 Schrödinger의 파동 방정식이다.

3-3 깊은 포텐셜 우물에 갇힌 전자

가장 간단한 금속 결정 내의 자유전자 모델에 대해서 생각하면, 자유 전자는 금속 내를 자유롭게 돌아다니지만 밖으로는 나갈 수 없고 금속 내에 속박되어 있다. 또한 원자핵의 주위를 돌고 있는 전자도 밖으로 뛰어 나갈 수 없고 속박된 상태에 있다. 그림3-2은 일차원 결정의 예로 좀머펠트(Sommerfeld, 1927)의 금속 모델로 알려져 있다. 자유 전자는 폭 L의 우물

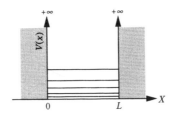

그림 3-2 금속결정에 대한 Sommerfeld의 1차원 모델

안만을 자유롭게 움직일 수 있다고 생각한다. 즉, 전자의 포텐셜 에너지 V 는 우물 내에서 즉, $0 < x < L$에서 $V = 0$, 우물 밖에서는 $x < 0$ 및 $x > L$에 서는 $V = \infty$이다. 우물 안에서는 $V = 0$이기 때문에 식(3-15)은

$$\frac{\mathrm{d}^2\psi}{\mathrm{d}x^2} + \frac{2m}{\hbar^2} E\psi = 0 \tag{3-16}$$

이 된다. 이 식의 일반 해는

$$\psi(x) = A \exp(jkx) + B \exp(-jxk) \tag{3-17}$$

여기서 경계조건으로 $x = 0$ 에서 $\phi = 0$이므로,

$$A + B = 0 \tag{3-18}$$

가 된다. 따라서,

$$\psi(x) = A\{ \exp(jkx) - \exp(-jkx)\} = 2jA \sin kx = C \sin kx \tag{3-19}$$

이 식에 다른 경계조건 $x = L$에서 $\phi = 0$를 대입하면

$$\sin kL = 0 \tag{3-20}$$

따라서,

$$k_n L = n\pi, \quad n = 1, 2, 3, \cdots \tag{3-21}$$

또한, 식(3-19)을 식(3-16)에 대입하면, 에너지 E 는

$$E_n = \frac{\hbar^2}{2m} k_n^2 = \frac{\pi^2 \hbar^2}{2mL^2} n^2 \tag{3-22}$$

가 되고 E_n은 k_n의 이차식으로 기술된다. 식(3-21)을 식(3-19)에 대입하여 다음 식을 얻는다.

$$\psi_n(x) = C \sin\left(\frac{n\pi x}{L}\right) \tag{3-23}$$

다음에 계수 C를 정한다. 상태 ϕ_n에 있는 전자가 $0<x<L$의 영역 내에 반드시 존재하는 확률은 1이기 때문에

$$\int_0^L |\psi_n|^2 dx = 1 \tag{3-24}$$

로 된다. 이 조건으로부터 $C^2 = 2/L$를 얻는다. 이것을 식(3-23)에 대입하면

$$\psi_n(x) = \sqrt{\frac{2}{L}} \sin\frac{n\pi x}{L} \tag{3-25}$$

이 된다. 이 관계를 n=1, 2, 3,…의 경우에 대하서 그림을 그리면 그림3-3을 얻는다.

삼차원 결정의 경우에는 1변의 입방체를 생각하고 일차원 결정과 같이 전개하여 파동 방정식을 푼다. x, y, z축으로 포텐셜이 L의 주기함수가 되

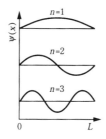

그림 3-3 Sommerfeld의 1차원 모델에서 $n = 1$, 2, 3의 파동함수

므로 파동 함수 $\phi(x,\ y,\ z)$도 L의 주기 함수가 되기 때문에

$$\psi(x+n_xL,\ y+n_yL,\ z+n_zL) = \psi(x,\ y,\ z)$$
$$n_x,\ n_y,\ n_z = 0,\ \pm 1,\ \pm 2, \cdots \tag{3-26}$$

가 된다. 삼차원의 Schrödinger의 파동 방정식은,

$$\nabla^2\phi + \frac{2m}{\hbar^2}E\phi = 0 \tag{3-27}$$

으로, 식(3-27)의 주기성을 만족하는 해는

$$\psi_n = \left(\frac{2}{L}\right)^{3/2}\exp\left(\frac{2\mathrm{j}\pi}{L}(n_xx+n_yy+n_zz)\right) \tag{3-28}$$

이 된다. 에너지 E로는

$$E = \frac{\hbar^2}{2m}\left(\frac{\pi}{L}\right)^2(n_x^2+n_y^2+n_z^2)$$
$$n_x,\ n_y,\ n_z = 0,\ \pm 1,\ \pm 2, \cdots \tag{3-29}$$

가 얻어지고, 양자수 n_x, n_y, n_z에 의해 에너지준위는 결정된다. 1차원과 같이 파수는 다음 식으로 쓰여진다.

$$k_x = \frac{\pi}{L}n_x,\ \ k_y = \frac{\pi}{L}n_y,\ \ k_z = \frac{\pi}{L}n_z \tag{3-30}$$

3-4 전자의 상태밀도

다음으로 어떤 에너지를 가질 수 있는 전자의 수(상태 밀도)에 대해서 생각하여 본다. 양자수 n_x, n_y, n_z에 의해 전자의 상태가 지정되어 위 식의

n에 의해 전자의 에너지 준위가 구해진다. 각 준위에는 Pauli의 배타율에 의해 spin이 다른 2개의 전자가 수용될 수 있다. 기저 준위는 $n^2 = 0$이기 때문에 $n_x = 0$, $n_y = 0$, $n_z = 0$의 준위에 spin이 다른 전자가 2개가 들어가므로 상태수는 2이다. $n^2 = 1$의 경우는 표3-1에 보이는 것 같이 상태수는 12가 된다. 같은 방법으로 $n^2 = 2$에서는 24개로 n의 증가와 함께 상태수는 급격히 증가된다.

그림3-1에 보이는 Na 금속 결정의 경우는 1cm^{3}당 원자수는 약 10^{22}cm^{-3}으로 전자의 수와 같고 대단히 많다. 이러한 경우의 전자의 상태수, 즉 상태밀도(density of states) $Z(E)$는 다음과 같이 구한다. 동일 에너지를 주는 조합 (n_x, n_y, n_z)는 동일한 구의 표면에 위치하고 있기 때문에 그 총수는 구의 부피의 1/8이 된다. 구의 반경 R은 식(3-29)부터,

$$R^2 = n_x^2 + n_y^2 + n_z^2 = \frac{2m}{\hbar^2}\left(\frac{L}{\pi}\right)^2 E \tag{3-31}$$

이 된다. 에너지 E 내의 상태수 N은

$$N = 2 \times \frac{1}{8} \times \frac{4}{3}\pi R^3 \tag{3-32}$$

표 3-1   3차원 결정의 전자의 상태수

n^2	n_x	n_y	n_z	상태수
0	0	0	0	2
1	1	0	0	12
	-1	0	0	
	0	1	0	
	0	-1	0	
	0	0	1	
	0	0	-1	

이고, 우변의 2는 spin을 고려하여 한 준위에 2개의 전자가 들어가기 때문이다.

여기서, $n = N/L^3$로 두면,

$$E = \frac{\hbar^2}{2m}(3\pi^2 n)^{2/3} \tag{3-33}$$

이 E의 값은 절대 영도에서 전자가 가질 수 있는 최대의 에너지를 보여주고 있고 Fermi-energy라 부른다. Fermi 속도는

$$\frac{1}{2}mv_F^2 = E_F \tag{3-34}$$

이다. 구리에서는 $E_F = 7.03eV$, $v_F = 1.57 \times 10^8\,\mathrm{cm/s}$ 이다.

삼차원의 우물에 갇힌 전자는 0으로부터 Fermi-energy의 사이에 분포하고 있다. 우물 폭 L이 크면 한 개 한 개의 에너지 준위는 구별할 수 없고 연속적으로 존재한다고 생각된다. 여기서는 어떤 에너지 E를 갖는 경우 단위 부피, 단위 에너지당 에너지 상태 밀도 $g(E)$을 구하자.

전 에너지 범위로 합산하면 전자 농도가 되기 때문에

$$\int_0^E g(E)dE = n \tag{3-35}$$

식(3-33)의 n을 대입하여 E에 대하여서 미분하면

$$g(E) = \frac{4\pi}{\hbar^3}(2m)^{3/2}E^{1/2} \tag{3-36}$$

이 된다.

그림 3-4에 보이는 것 같이 전자의 상태밀도는 $\sqrt{E}$ 에 비례하여 증가한다.

뒤에 기술하는 반도체의 경우는 전도대나 가전자대의 끝 부분에서는 자유전자와 마찬가지의 행동을 하기 때문에 전자나 정공의 상태밀도는 $\sqrt{E}$ 에 비례하여 증가한다.

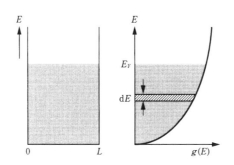

<u>그림 3-4</u>   폭 L 의 포텐셜 모델 및 상태밀도 $g(E)$의 에너지 변화

3-5 주기적 포텐셜안의 전자

고체에는 주기적 포텐셜이 존재하고 전자는 그 주기적 포텐셜 안을 전파한다. 주기적 포텐셜을 구형(square)으로 단순화한 것이 Kronig-Penney (1931)의 모델이다. 이 모델에 의해 $E-k$ 관계는 구할 수 없지만 허용대나 금지대 등의 모양을 아는 데 편리하다.

Kronig-Penney의 모델에서는 그림3-5에 보이는 것 같이 구형(square)의 포텐셜 분포를 가정한다. 폭 a 의 우물의 포텐셜 $V=0$ 에 전자가 존재하고 우물 간의 장벽 폭은 b 이다. 이렇게 단순화하면 Schrödinger의 파동 방정식을 정확히 풀 수 있다.

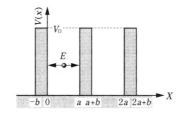

<u>그림 3-5</u>   Kronig-Penney의 주기적 포텐셜

우선, 포텐셜이 주기적으로 변화하고 있는 것을 고려하지 않으면 안 된다.

$$V(x) = V(x+L) \tag{3-37}$$

이때 파동 함수는 주기적으로 L에만 변화한다. $\phi(x)=\phi(x+L)$이 되고 포텐셜의 영향을 받아서

$$\psi_k(x) = U_k(x)\exp(jkx) \tag{3-38}$$

로 된다.

즉 파동 함수는 진폭 U_k와 위상에 관여하는 $\exp(jkx)$의 곱이 되어 진폭이 L인 주기 함수가 된다.

$$U_k = U_k(x+L) \tag{3-39}$$

이렇게 하여 구해진 파동 함수는 그림3-6에 보이는 것 같이 결정 포텐셜 때문에 주기 a에 의한 변동을 받는다. 이것을 Bloch(1928)의 정리라고 하고 이 함수를 Bloch 함수라고 한다.

그림3-5로부터 포텐셜 분포는 2개의 영역에 나뉘고 Schrödinger의 파동 방정식이 풀어진다.

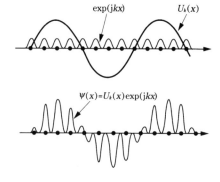

그림 3-6 주기적 포텐셜로 변조된 파동함수

(1) $0 \leq x \leq a$, $V(x) = 0$의 때

$$\frac{d^2\psi_1(x)}{dx^2} + a^2\psi_1(x) = 0, \quad a^2 = \frac{2mE}{\hbar^2} \tag{3-40}$$

(2) $-b \leq x \leq 0$, $V(x) = V_0$의 때

$$\frac{d^2\psi_2(x)}{dx^2} - \beta^2\psi_2(x) = 0, \quad \beta^2 = \frac{2m}{\hbar^2}(V_0 - E) \tag{3-41}$$

단, $V_0 - E \gg 0$이다.

식(3-38)을 식(3-40)과 (3-41)에 대입하면 다음 식이 얻어진다.

$$0 \leq x \leq a \quad \frac{d^2U_1(x)}{dx^2} + 2jk\frac{dU_1(x)}{dx} + (a^2 - k^2)U_1(x) = 0 \tag{3-42}$$

$$-b \leq x \leq 0 \quad \frac{d^2U_2(x)}{dx^2} + 2jk\frac{dU_2(x)}{dx} - (\beta^2 + k^2)U_2(x) = 0 \tag{3-43}$$

이들의 방정식의 일반 해는, A, B, C, D를 정수로 하여

$$U_1(x) = A\exp\{j(a - jk)x\} + B\exp\{-j(a + jk)x\} \tag{3-44}$$

$$U_2(x) = C\exp\{j(\beta - jk)x\} + D\exp\{-(\beta + jk)x\} \tag{3-45}$$

이다.

다음에 $x = -b$ 및 $x = 0$에서 $U(x)$ 및 이것의 미분 계수가 연속인 경계 조건

$$U_1(x) = U_2(x) \tag{3-46}$$

$$\left.\frac{dU_1}{dx}\right|_{x=0} = \left.\frac{dU_2}{dx}\right|_{x=0} \tag{3-47}$$

$$U_1(a) = U_2(-b) \tag{3-48}$$

$$\frac{dU_1}{dx}\bigg|_{x=a} = \frac{dU_2}{dx}\bigg|_{x=-b} \tag{3-49}$$

를 써서 식(3-44)와 (3-45)를 식(3-46)~(3-49)에 대입하여 정리하여 다음 행렬식을 얻는다.

$$\begin{pmatrix} a_{11} & a_{12} & a_{13} & a_{14} \\ a_{21} & a_{22} & a_{23} & a_{24} \\ a_{31} & a_{32} & a_{33} & a_{34} \\ a_{41} & a_{42} & a_{43} & a_{44} \end{pmatrix} \begin{pmatrix} A \\ B \\ C \\ D \end{pmatrix} = 0 \tag{3-50}$$

이 식이 해를 갖기 위해서는 행렬식 $|a_{ij}| = 0$이 아니면 안 된다. 도중을 생략하고, 결과로서 다음 식이 얻어진다.

$$\frac{\beta^2 - \alpha^2}{2\alpha\beta} \sin\beta b \cdot \sin\alpha a + \cosh\beta b \cdot \cos\alpha a = \cos k(a+b) \tag{3-51}$$

$V_0 b$은 포텐셜 장벽의 면적으로 이 값이 크면 전자는 포텐셜의 우물에 속박된다.

이대로는 식의 의미를 이해할 수 없기 때문에 다음을 가정하여 간략화 한다. $V_0 b$ 값을 일정히 유지하면서 $V_0 \to \infty$, $b \to 0$에 근접한다고 생각하면,

$$\beta b = \sqrt{\frac{2m}{\hbar^2}(V_0 - E)}\, b \to \sqrt{\frac{2m}{\hbar^2} V_0 b} \cdot \sqrt{b} \to 0 \tag{3-52}$$

가 된다. 그리고,

$$\sinh\beta b \to \beta b, \quad \sin\beta b \to \beta b, \quad \cosh\beta b \to 1 \tag{3-53}$$

으로 근사할 수 있고 $V_0 \gg E$이기 때문에 $\beta \gg \alpha$로 된다. P를 다음 식으로 놓으면

$$P = \frac{mV_0 ba}{\hbar^2} \tag{3-54}$$

식(3-51)은

$$P\frac{\sin \alpha a}{\alpha a} + \cos \alpha a = \cos ka \tag{3-55}$$

가 된다.

이 식의 물리적 의미는 P의 크기로 변하기 때문에 대표적인 값으로 변화의 모양을 보자.

(1) $P = 0$의 경우

식(3-54)부터 $V_0 b = 0$, 즉 그림3-5에서 장벽이 없는 경우에 해당한다. 식(3-55)부터 $\alpha = k$이 된다. 식(3-40)에 대입하면 에너지 E는

$$E = \frac{\hbar^2}{2m} k^2 \tag{3-56}$$

이 식은 먼저 보이는 자유 전자의 에너지 식(3-22) 그 자체이고 에너지-E는 파수 k에 대하여 연속적으로 변화하여 에너지의 뛰기는 존재하지 않는다.

(2) $P > 0$의 경우

그림3-7에 $P = 3$의 경우에 대해서 계산한 결과를 보인다. $\alpha a \to 0$에서는 $\sin \alpha a \to \alpha a$가 되고 좌변의 값은 4에 가까이 간다. 한편, αa가 커지면 좌변의 첫째 항은 작게 되기 때문에 $\cos \alpha a$에 접근한다. 따라서, 식(3-55)의 좌변은 그림 속의 곡선으로 표시된다. 우측은 +1과 +1 사이에 존재하므로 그림의 검은 선의 αa(이에 해당하는 에너지)밖에 허용되지 않는다. 따라서, 식(3-55)이 만족하는 해는 그림의 회색으로 칠한 영역이 된다. 횡축 αa은 식(3-40)부터 에너지를 뜻하고 있기 때문에 $P > 0$의 조건에서는 에너지에 폭(band)이 있어 회색 칠한 영역을 허용대(allowed band) 그 밖의 부분을 금지대(forbidden band)라고 한다.

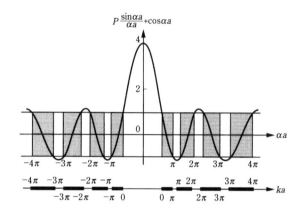

그림 3-7 Kronig-Penney의 주기 모델에 의한 에너지대 형성

그림3-7을 $E-k$의 관계로 본 것이 그림3-8이다. 그림에서 가는 선으로 보이는 자유 공간에서의 $E-k$의 포물선에 접하는 검은 선이 임의의 P에 대하는 $E-k$의 관계이다. 파수 $k=0$, 즉 파장이 길 때에 전자는 자유 전자와 닮은 행동을 하고 있다. 그러나, k가 커져서 π/a이 되면 에너지 값에 점프가 생긴다. 이 점프가 생기고 있는 에너지 범위의 전자에 대하여는 해가 존재하지 않고 전자가 이 영역의 에너지를 가질 수 없다. 이 범위가 금지대이다. k가 $2\pi/a$ 보다 커지면 다시 해가 존재하고 $2\pi/a$까지가 허용되는 영역이고 $2\pi/a$에서 다시 에너지치에 점프가 생겨 금지대를 형성한다. 허용대와 금지대는 π/a마다 주기적으로 나타난다.

또한, k가 $2\pi n/a$와 같은 에너지값이 되는 것으로부터 $-\pi/a \leq k \leq \pi/a$의 범위에 한정하여 생각하여도 좋다. 이 범위를 제 1 부릴루앙 대역(Brillouin zone)이라고 한다. 또한, $-2\pi/a \leq k \leq -\pi/a$ 및 $\pi/a \leq k \leq 2\pi/a$를 제 2 Brillouin 대역, $-3\pi/a \leq k \leq -2\pi/a$ 및 $2\pi/a \leq k \leq 3\pi/a$를 제 3 Brillouin 대역이라고 한다.

허용대의 폭은 우물폭 a와 장벽의 폭 b의 비나 에너지의 깊이에 의해 변화한다. 허용대폭이나 금지대폭은 b/a에 의해 변화하고 b/a이 크면 전자

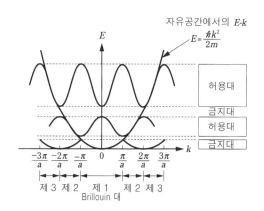

그림 3-8 Kronig–Penney 모델에 의한 에너지대 형성

는 우물에 국재하는 확률은 높게 되어 허용대폭은 감소하고 이산적인 에너
지 준위에 가까이 간다.

한편, b/a가 작게 되면 장벽을 빠져나가는 전자가 증가하여 소위 tunnel
효과에 의한 파동 함수의 투과가 커져서 허용대폭은 넓어지고 금지대 폭은
작게 된다. b/a가 충분히 작게 되면 허용대가 겹쳐져 금지대폭은 소실하고
전자는 자유 전자와 같이 결정 전체를 돌아다니게 된다.

3-6 결정 내 전자의 운동

결정 내의 전자에 외력, 여기서는 외부 전계 F가 작용하는 경우를 생각한
다. 미소시간 dt 사이에 전계 F에 의해서 전자의 에너지가 dE만 변화하였
다고 하면

$$\mathrm{d}E = -qFv_g dt \tag{3-57}$$

가 된다. 음의 부호는 전계의 방향과 전자의 이동 방향이 반대이기 때문이
다. v_g는 전자의 속도(군속도)로서 다음 식으로 표시된다. 식(2-9)에서

$$v_g = \frac{d\omega}{dk} = \frac{d(\hbar\,\omega)}{d(\hbar\,k)} = \frac{dE}{d(\hbar\,k)} \tag{3-58}$$

따라서,

$$\frac{d(\hbar\,k)}{dt} = -qF = f(\text{힘}) \tag{3-59}$$

가 된다. 이것은 고체 내의 전자의 운동 방정식이다.

전자의 가속도 a는

$$a = \frac{dv_g}{dt} = \frac{1}{\hbar} \cdot \frac{d}{dt}\left(\frac{dE}{dk}\right) = \frac{1}{\hbar} \cdot \frac{d^2E}{dk^2} \cdot \frac{dk}{dt} = -\frac{1}{\hbar^2} \cdot \frac{d^2E}{dk^2}\,qF = \frac{f}{m^*}$$
$$\tag{3-60}$$

이 된다. m^*는 고체 내의 전자의 유효 질량이다. $f = ma$의 관계로부터

$$m^* = \hbar^2 / \left(\frac{d^2E}{dk^2}\right) \tag{3-61}$$

를 얻는다.

그림3-8에 보이는 Kronig-Penney의 모델로 얻어진 에너지도를 이용하여 전자의 군속도와 유효 질량에 대해서 생각하여 본다. 그림3-9에 표시한 것과 같이 $k = 0$에 있는 전자는 시간의 증가와 동시에 $E - k$ 곡선 상을 양의 방향으로 움직인다. A 점은 변곡점이고 B 점은 제 1 Brillouin 대역의 끝 부분이고 그 이상 시간이 경과하면 k의 주기성 때문에 전자는 C 점으로 이동하여 D 점을 지나서 0점으로 되돌아간다. 전자의 군속도는 $v \simeq (\hbar k/m)$의 관계에 의해 증가하여 A 점에서 최대가 되고 그 이후는 감소한다. 전자의 유효 질량은 0으로부터 A 점 가까이 까지 일정하지만 A 점에 가까이 감에 따라서 급격히 증가하여 무한대가 되고 그 후 음이 된 뒤 증가하여 일정하여 진다. C 점에서 전자의 군속도는 감소하고 D 에서 최소가 되고 이후는 증가한다. 유효 질량은 음으로 감소하여 무한소가 되고 D 점에서 양이 되어 감소하여 일정하게 된다. 이와 같이 전자의 군속도가 주기적으로 반전하며 어떤 공간을 왕복하는 것을 Bloch 진동이라 한다.

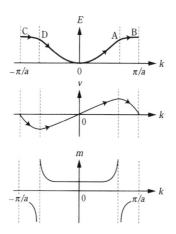

그림 3-9　포텐셜 내의 전자 에너지-속도와 유효질량의 파수에 대한 변화

3-7 반도체의 band 구조

실제의 반도체의 band 구조를 구하기 위해서는 Kronig-Penney와 같은 단순한 모델로서는 불충분하고 더욱 근사도가 높은 모델을 쓸 필요가 있다. 대표적인 근사 모델로서 자유 전자로부터의 근사법과 속박 전자로부터의 근사법이 있다. 앞의 모델은 원자가 형성하는 주기적 포텐셜이 작아서 전자가 자유 전자와 닮은 행동을 한다고 생각하며 금속 내의 전자의 band 구조를 구하기 위해서 사용되고 있다. 후의 모델, 속박 전자 모델에서는 반대로 전자가 원자에 강하게 속박되어있다고 가정하고 있어 반도체나 전이 금속의 band 구조의 계산에 쓰이고 있다.

속박 전자 근사 모델에서는 우선 고립 원자의 전자 상태를 구하여 그것을 바탕으로 결정 상태를 해석한다. 결정 내의 파동 함수를 Φ, 각 원자의 파동 함수를 ϕ로 하면

$$\Phi(x) = \sum_n C_n \phi(x - nL) \tag{3-62}$$

이 된다. C_n는 선형 결합 계수이다. 이 방법은 선형 결합이기 때문에 LCAO (linear combination of atomic orbital)법이라고 부르고 있다. 이 식과 주기적 포텐셜의 조건을 Schrodinger의 파동방정식(3-15)에 대입하여 전개한다. 여기서는 해석의 상세한 전개는 생략하지만 에너지와 파수의 관계로서

$$E(k) = E_0 - a - \sum_n \beta \exp\{jkL\} \tag{3-63}$$

가 얻어진다. E_0는 에너지 고유치, a 와 β 는 원자의 파동 함수에 의존하는 계수이다.

여기서, 단순 입방 격자의 band 구조를 생각한다. 이 격자에서는 원자로부터 거리 L떨어진 위치에 x, y와 z방향에 각각 2개, 모두 6개의 원자가 존재하고 있다. 따라서, 3차원 결정의 에너지는 지수함수 부분을 Euler 전개하면,

$$E(k) = E_0 - a - 2\beta(\cos k_x L + \cos k_y L + \cos k_z L) \tag{3-64}$$

라고 써진다. cos는 -1부터 1까지 변화하기 때문에 $E(k)$는 $E_0 - a + 2\beta$ 로 부터 $E_0 - a - 6\beta$의 사이에서 변한다. 즉, 그 차 12β 가 허용대의 폭에 상당한다.

다음에, 제1 Brillouin 대역에서의 E와 k의 관계를 생각한다. 허용대에서의 에너지가 가장 작은 것의 좌표는 $(k_x, k_y, k_z) = (0, 0, 0)$이다. 이 원점에 가까운 $E-k$의 관계를 조사하여 본다. k 가 작으면 식(3-64)의 cos는 Taylor 전개할 수 있고

$$\cos k_x L \approx 1 - \frac{1}{2} k_x^2 L^2 \tag{3-65}$$

가 되기 때문에 식(3-64)은

$$E(k) = E_0 - a - 6\beta + \beta^2 L^2 (k_x^2 + k_y^2 + k_z^2) \tag{3-66}$$

가 된다. E 는 k^2에 비례하여 증가하기 때문에 같은 에너지면은 구가된다.

허용대의 위 근처에서는 각의 부근만 구면과 같은 에너지면이고 전체는 구면으로는 되지 않는다. 또한, 중간의 에너지에서는 복잡한 형상이 된다.

Si나 Ge 등의 반도체는 위의 단순입방격자가 아니라 면심입방격자이다. 면심입방격자의 같은 에너지면 즉 제1 Brillouin 대역은 그림3-10에 보이는 14면체가 된다. 이 그림의 k 공간의 원점(0,0,0)은 Γ점, 제1 Brillouin 대역과 <001>방향으로 교차하는 점을 X점, <111> 방향과 교차하는 점을 L 점이라고 부른다. Si 같은 diamond형 결정, 즉 면심입방격자가 2개 겹쳐있는 구조에서는 단위 세포에는 2개의 원자가 존재한다. 1개의 Si 원자의 최외각에는 3s 궤도가 1개, 4p 궤도가 3개 존재하여 sp³ 혼성궤도를 형성하고 있다. 따라서, 합계 8개의 궤도가 있다. 그 안에 4개가 가전자대를 형성하고 다른 4개가 전도대를 형성한다. Si의 band구조에 대하여 계산한 결과를 그림3-11에 보인다.

이 그림의 에너지 범위에서는 합계 4개의 선이 보이고 가전자대의 위단이 $k=0$이고 그 아래쪽에 3개의 궤도가, 전도대에는 1개의 궤도가 보인다. $k=0$에 가까운 궤도는 2개의 궤도가 겹쳐 있고 이것을 축퇴(縮退)라고 한다. 전도대에서는 1개만 보이지만 더욱 높은 에너지측에 3개가 존재한다. 전도대에서 중요한 궤도는 가장 낮은 궤도이고 X점에서 조금 안으로 들어 간 점이 전도대의 하단이다. 이 최소 에너지값과 $k=0$ 에서의 가전자대의

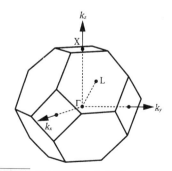

그림 3-10 면심입방격자의 제 1 Brillouin 대역
(Γ점 : k공간의 원점, X점 : <001>방향의 제 1 Brillouin 대역과 교차하는 점,
 L점: <111>방향과 교차하는 점)

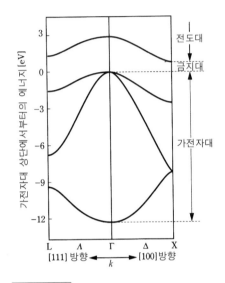

그림 3-11 Si의 band 구조의 계산 예

최대 에너지값과의 차가 Si의 금지대폭 1.12 eV이다. 이와 같이 가전자대의 상단과 전도대의 하단이 공간에서 일치하지 않는 반도체를 간접 천이 반도 체라고 한다.

한편, 가전자대의 위단과 전도대의 하단이 공간에서 일치하는 반도체를 직접 천이 반도체라고 한다. 그 예로서 GaAs 화합물 반도체에서 계산된 결 과를 그림3-12에 보인다. 가전자대의 구조는 그림3-11의 Si의 band구조와 닮 았지만 전도대의 구조가 다르다. GaAs에서는 $k = 0$의 점에서 전도대에서의 에너지가 최소치가 된다. 금지대폭은 1.43 eV이다. 이와 같이 $k = 0$에서 전 자 전이가 가능하기 때문에 전자 이동도는 Si에 비교하여 현격한 차이로 커 져 전자와 정공의 재결합에 의한 발광 현상이 보이는 원인이다.

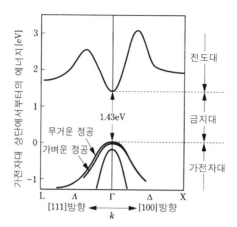

<u>**그림 3-12**</u> 간략화한 GaAs의 band 구조의 계산 예

POINT

1 독립한 원자 내의 핵외 전자는 불연속의 에너지 준위를 갖고 있지만 많은 원자가 규칙적으로 모여서 원자 사이의 거리가 가까이 되면 불연속의 준위가 겹쳐 거의 연속으로 분포하여 에너지대가 된다(그림3-1). 원자 사이의 거리가 결정의 격자 상수 근처인 에너지에서는 전자가 존재할 수 있는 허용대와 전자가 존재할 수 없는 금지대가 있다.

2 결정의 격자점에 의한 주기적 포텐셜을 구형(Square)으로 단순화한 Kronig-Penny 모델에 의거하여 전자의 운동에 대해서 Schrodinger 방정식을 풀면, 자유전자가 갖는 연속적인 에너지 $\left(E = \dfrac{\hbar^2 k^2}{2m} \right)$로 불연속의 값이 얻어지고 허용대와 금지대로 이루어지는 에너지대를 형성하는 것을 볼 수 있다(그림3-8).

3 Si나 Ge 등의 반도체의 면심입방격자의 $E(k)$의 같은 에너지면의 제 1 Brillouin 대역은 14면체가 된다. k공간의 원점(0,0,0)은 Γ점, 제 1 Brillouin 대역과 <001>방향에서 교차하는 점을 X점, <111>방향과 교차하는 점을 L점이라고 한다(그림3-10).

4 실제의 반도체의 band 구조는 결정의 대칭성이나 포텐셜을 고려한 Schrodinger 방정식의 해로부터 얻어지는 전자 에너지 E와 파수 vector k의 $E-k$ 곡선으로 표시되고, 면심입방격자가 2개 겹친 diamond형 구조에 속하는 Si 같은 간접 천이형 반도체의 band 구조에서는 가전자대의 상단과 전도체의 하단이 k공간에서 일치하지 않지만 GaAs 화합물 반도체 같은 직접 천이형 반도체에서는 가전자대의 상단과 전도체의 하단이 k공간에서 일치한다(그림3-11~그림3-12). 많은 경우에 연속하는 전도대의 하단과 결정 결합에 관련된 가전자대의 상단의 두개의 준위만으로 반도체의 band 구조를 간단히 표시할 수 있다.

[연습문제]

① 에너지가 0.1 eV의 때 3차원계와 2차원계에서의 에너지 상태밀도를 구하라.

② 유효질량이 0.067 m_0의 GaAs 내에 있는 전자의 파장을 1 eV의 에너지를 갖는 전자의 파장과 비교하라. m_0는 자유전자의 질량.

③ photon, 전자 및 중성자가 1eV의 에너지를 가질 때 각각의 파장을 구하라.

④ 직접 천이형과 간접 천이형 반도체란 어떤 반도체인가 설명하라.

1960년대는 아직 양자론에 기초를 둔 고체 물리나 반도체를 계통적으로 가르치고 있는 대학은 거의 없었다. 반도체라는 말은 당치도 않은, 가능성이 전혀 없는 것이었다. 대학에서 수업으로 가르치는 선생님이 없었고 C.Kittel의 「Introduction to Solid State Physics(1956)」, Polling의 「양자 역학 서론(1950)」이나 W. Shockley 의 「The Theory of PN Junction(1949)」를 구입하여 독학으로 공부하였다. 그러나, 독학으로서는 한계가 있어 도중에서 좌절하였다. 나는 이러한 생각들이 고체물리나 반도체공학에 관심을 가질 수 있는 계기가 되었다.

쉬어가는코너

4. 반도체의 기초 이론

이 장에서는 반도체의 기초적인 성질에 대해서 기술한다. 반도체 에너지 대의 모델, 반도체 내를 이동하는 전자나 정공 등의 캐리어의 존재, 불순물이 첨가되어 있지 않은 진성 반도체 내의 캐리어 농도, 불순물을 첨가한 반도체 내의 캐리어 이동도나 저항률, 평형 상태에서의 전기 전도도, 비평형에서의 캐리어의 생성과 소멸 등에 대해서 학습한다. 반도체 소자의 동작을 이해하기 위해서는 우선 이들의 기초적인 개념을 파악하여야 한다.

4-1 에너지 band의 개념

반도체 내에 존재하는 전자 혹은 정공은 진공 내의 전자와 같이 반도체 내를 자유롭게 움직일 수 있다. 그러나, 제3장에서 기술한 것 같이 전자 혹은 정공은 대전한 원자핵의 주기적 전위의 영향을 받는다. 이 결과 반도체 내의 전자의 질량은 진공 내의 자유 전자의 질량과는 다르다. 반도체 내의 전자의 에너지(E_k)과 운동량(P)의 관계는

$$E_k = \frac{P^2}{2m_e} \tag{4-1}$$

이다. 여기서 m_e는 반도체 내의 전자의 질량으로 유효질량(effective mass)라고 부른다. 정공의 유효 질량은 m_h로 표시되고 Si나 GaAs 반도체 등의 값을 책 끝의 부록 2에 보였다.

앞장에서 말한 것 같이 반도체 내의 전자는 불연속인 에너지 값밖에는 가질 수 없다. 전자는 가전자대를 점유하고 다음에 전자가 들어가는 높은 에너지대를 전도대라고 하며 가전자대와의 사이에 에너지 간격을 갖는 금지대(band gap)가 있다.

이것들의 모양을 그린 것이 에너지대이다. 금속에서는 그림4-1(a)에 보이는 것 같이 전도대와 가전자대가 접촉하고 있거나 겹쳐 금지대가 없게 된다. 반도체(그림4-1(b))에서는 전도대와 가전자대가 떨어져서 금지대가 존재하고 있다. 부록에 보이는 것 같이 Si의 E_g는 1.12 eV, GaAs는 1.43 eV 이다.

이 값은 실온의 에너지($k_B T/q = 0.026 eV$)라도 가전자대의 소수의 전자는 열 에너지를 얻어 금지대를 넘어서 전도대로 들어가는 것을 의미한다. 물론, E_g보다 큰 가시광 에너지가 반도체에 조사되면 더욱 많은 전자가 금지대를 넘어서 전도대에 유기된다. 이 전자의 천이로 가전자대에는 정공이 형성된다. 이 상태에서 반도체에 전압을 가하면 전도대의 전자 및 가전자대의 정공은 운동 에너지를 얻어 흐른다. 즉, 전기가 흐른다. 한편, 절연체(그림4-1(c))에서는 금지대폭이 커서 열 에너지등으로는 전도대에 전자를 생성하지 않고 비어있다. 따라서, 전계를 걸더라도 전기는 흐르지 않는다.

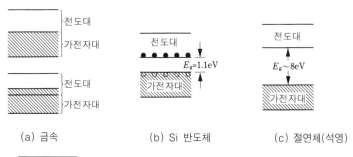

(a) 금속   (b) Si 반도체   (c) 절연체(석영)

그림 4-1 금속, Si 반도체 및 석영 절연체의 band 구조

4-2 Fermi-Dirac 분포함수

전도대의 전자농도나 가전자대의 정공 농도는 각각의 상태밀도와 분포함수를 알면 그 곱으로부터 계산된다. 상태밀도란 이미 제3장에서 말한 것 같이 전자나 정공을 수용할 수 있는 상태의 밀도이고 분포함수는 어떤 에너지 상태를 점유할 수 있는 확률이다.

절대 0도에서는 전자는 에너지가 낮은 준위로부터 순서대로 채워져 간다. 온도가 높게 되면 전자는 반드시 낮은 준위로부터 점유되지는 않는다. 보다 높은 준위를 차지하는 전자도 점차 나타나게된다. 어떤 에너지 E를 가정하였을 때 거기에 어느 만큼의 전자가 존재하는 가를 나타낸 것이 분포 함수이다. 전자에 적용되는 함수는 Fermi-Dirac 분포 함수라고 부르고 있다. 이 분포함수에서는 Pauli의 배타율에 의해 하나의 준위에는 spin을 고려하면 2개의 전자가 들어가는 것이 허용된다.

실제의 반도체에서는 전자의 수는 대단히 많아지기 때문에 통계적으로 취급하지 않으면 안 된다. 통계 역학에 의하면 에너지 E의 상태에 있어서 전자가 존재하는 확률 $f(E, T)$는

$$f(E, T) = \frac{1}{\exp\{(E - E_\mathrm{f})/k_\mathrm{B}T\} + 1} \tag{4-2}$$

로 주어진다. 여기에서 E_f는 Fermi 준위(Fermi level)라고 부르고, k_B는 Boltzmann 상수, T는 절대온도이다. 그림4-2에 온도 0, 100, 300와 500 K에서 계산한 Fermi-Dirac 분포 함수의 확률을 보인다. 우선, 0 K에서 Fermi준위 E_f보다 작은 에너지에서는 $f(E, T)$는 1이다. 이것은 E_f보다 작은 에너지 준위는 전자로 채워지고 보다 큰 준위는 비어있는 것을 가리키고 있다. T > 0K에서 점유되는 확률은 $E = E_\mathrm{f}$이면 온도에 관계없이 1/2이다.

이 분포함수는 E_f에 대하여 대칭이기 때문에 에너지 준위 $E_\mathrm{f} + dE$가 점유되는 확률은 에너지 준위 $E_\mathrm{f} - dE$가 비어있는 확률과 같다. 따라서, 점유되지 않은 확률은

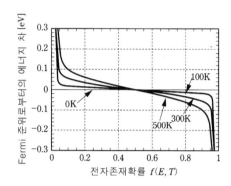

그림 4-2 Fermi-Dirac 분포함수에 의한 전자존재확률의 온도변화

$$1 - f(E, T) = \frac{1}{1 + \exp\{(E_f - E)/k_B T\}} \tag{4-3}$$

가 된다. 가전자대에 있는 준위가 전자로 점유되지 않은 확률은 이 준위가
정공으로 채워지는 것을 의미하기 때문에 위 식은 정공이 가전자대를 점유
하는 확률이 된다.

E_f보다 $3 k_B T$ 이상 큰 에너지 준위에서는 식(4-3)의 지수 항은 20 이상
이 된다. 따라서, Fermi-Dirac 분포함수는 다음과 같이 근사할 수 있다.

$$f(E, T) = \exp\{-(E - E_f)/k_B T\} \tag{4-4}$$

이 식은 고전적인 gas 입자를 취급하는 Maxwell-Boltzmann 분포 함수와 같
다. 요컨대 에너지 준위가 Fermi 준위로부터 충분히 멀면 Fermi-Dirac 분포
함수는 Maxwell-Boltzmann 분포 함수로 근사할 수 있다. 반도체에서는 Esaki
diode와 laser diode를 제외한 대개의 device에서는 Maxwell-Boltzmann 분포함
수를 쓸 수 있다.

4-3 진성 반도체

불순물을 첨가하지 않고 있는 반도체 즉, 진성 반도체 내의 캐리어 농도는 앞 절의 Fermi-Dirac 분포함수 $f(E)$와 상태 밀도함수 $N(E)$를 곱해 전 에너지 준위를 적분하여 구한다.

전도대에서는 전자는 최저 에너지인 band 단 E_c에서 어떤 에너지까지의 사이에 존재하고 있다. 전도대의 상태 밀도는 식(3-36)으로부터

$$N(E) = \frac{4\pi}{h^3}(2m_e)^{3/2}(E-E_c)^{1/2} \tag{4-5}$$

이 된다. $\hbar$는 Plank 상수, m_e는 전자의 유효 질량이다(책끝의 부록2 참조). 같은 방법으로 가전자대의 상태밀도는

$$N(E) = \frac{4\pi}{h^3}(2m_h)^{3/2}(E_v - E)^{1/2} \tag{4-6}$$

가 된다. m_h는 정공의 유효질량, E_v는 정공의 포텐셜 에너지로서 정공에 대한 가전자대의 최저 에너지이다.

전도대의 전자의 총 개수는

$$n = \int_{E_c}^{\infty} f(E)N(E)dE \tag{4-7}$$

가 된다. 식(4-7)에서 $N(E)$의 식(4-5)과 Maxwell-Boltzmann 분포함수 $f(E)$의 식(4-4)을 대입하여 적분한다.

$$n = \int_{E_c}^{\infty} \frac{4\pi}{h^3}(2m_e)^{3/2}(E-E_c)^{1/2}e^{-(E-E_f)/k_BT}dE$$

$$= \frac{4\pi}{h^3}(2m_e)^{3/2}e^{-(E_c-E_f)/k_BT}\int_{E_c}^{\infty}(E-E_c)^{1/2}e^{-(E-E_c)k_BT}d(E-E_c) \tag{4-8}$$

여기서 $x = \dfrac{E - E_c}{k_B T}$ 로 변환하여 다음의 Γ함수를 써서 식(4-8)을 푼다.

$$\Gamma(p) = \int_0^\infty x^{p-1} \exp(-x) dx = (p-1)\Gamma(p-1), \; \Gamma\left(\frac{1}{2}\right) = \sqrt{\pi} \qquad (4\text{-}9)$$

이 Γ함수에 $p = 1.5$를 대입하면 식(4-8)과 같이 된다.

$$n = N_c \exp\{-(E_c - E_f)/k_B T\} \qquad (4\text{-}10)$$

가 된다. 여기서,

$$N_c = 2\left\{\frac{2\pi m_e k_B T}{h^2}\right\}^{3/2} = 4.82 \times 10^{15} \left\{\frac{m_e}{m_0}\right\}^{3/2} T^{3/2} \qquad (4\text{-}11)$$

로 된다. N_c는 전도대의 유효상태 밀도라고 한다. Si에서는 300K에서 $2.8 \times 10^{19} \, \mathrm{cm}^{-3}$가 된다(책 끝의 부록2 참조). 같은 방법으로 가전자대의 정공 농도 p는

$$p = \int_{-\infty}^{E_v} \{1 - f(E)\} N(E) dE \qquad (4\text{-}12)$$

로 되고 식(4-4)과 식(4-6)을 대입하여 적분하면

$$p = N_v \exp\{-(E_f - E_v)/k_B T\} \qquad (4\text{-}13)$$

가 된다. 여기서, N_v는

$$N_v = 2\left(\frac{2\pi m_h k_B T}{h^2}\right)^{3/2} \qquad (4\text{-}14)$$

로, 가전자대의 유효 상태밀도는 Si에서는 $1.02 \times 10^{19} \mathrm{cm}^{-3}$이다.

이상의 진성 반도체의 캐리어 분포에서 얻는 관계식을 그림4-3에 보인다. 그림4-3(a)이 상태밀도 $N(E)$, 그림4-3(b)이 Maxwell-Boltzmann 분포함수 $f(E)$, 그림4-3(c)은 그것들을 적분하여 얻어진 전자 또는 정공의 캐리어 농도이다.

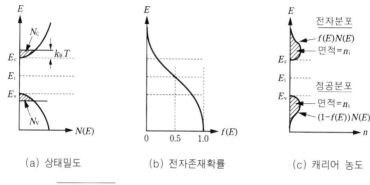

(a) 상태밀도 (b) 전자존재확률 (c) 캐리어 농도

그림 4-3 진성반도체의 캐리어 농도를 구하는 방법

식(4-10)과(4-13)의 곱하면

$$n \times p = N_c N_v \exp(-E_g/k_B T) \tag{4-15}$$

가 된다. $E_g = E_c - E_v$로 금지대의 폭이다. 이 np 곱은 유효 상태 밀도
와 금지대 폭에만 의존하고 불순물 농도 Fermi 준위의 위치에는 관계하지
않는다. E_g는 온도 의존성이 있고 경험적으로 다음 식으로 표시된다.

$$E_g = E_{g0} - \beta T \tag{4-16}$$

Si에서는 E_{g0}는 1.21 eV, β는 2.8×10^{-4} eV/K 이다.
진성 반도체에서는 전자 농도와 정공 농도는 따라서,

$$n = p = n_i \tag{4-17}$$

이고 n_i는 진성 캐리어농도이다. 또한,

$$n \times p = n_i^2 \tag{4-18}$$

가 된다. 이 식은 열 평형에서는 진성 및 불순물을 첨가한 어떤 반도체라도
성립한다. 후자의 경우는 한 쪽의 캐리어의 증가에 따라 다른 캐리어 농도
는 감소한다. 식(4-15)을 써서 진성 캐리어 농도를 구하면,

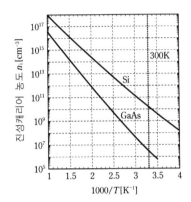

그림 4-4 Si 및 GaAs 반도체의 진성 캐리어 농도의 온도 변화

$$n_i = \sqrt{N_c N_v} \exp(-E_g/2k_B T) \tag{4-19}$$

가 된다.

Si와 GaAs의 진성 캐리어 농도의 온도 변화를 그림4-4에 보인다. 이 선의 기울기에서 금지대폭이 계산된다. Si에서는 실온에서 금지대폭 $E_g = 1.12\text{eV}$, 진성 캐리어 농도 $n_i = 1.45 \times 10^{10}\text{cm}^{-3}$가 얻어진다. 금지대폭이 큰 GaAs에서는 진성 캐리어 농도는 $n_i = 1.79 \times 10^6\text{cm}^{-3}$로 Si 보다 작고 고온에서는 커진다.

진성 반도체의 Fermi 준위는 식(4-10)과(4-13)를 같게 놓아 $E_f = E_i$ 이면

$$E_i = \frac{1}{2}(E_c + E_v) + \frac{3}{4} k_B T \ln \frac{m_h}{m_e} \tag{4-20}$$

가 된다. 전자와 정공의 유효 질량의 차이에 의한 차는 작기 때문에 진성 반도체의 Fermi 준위는 금지대의 거의 중앙에 위치한다. 식(4-10)과(4-13)에서 $E_f = E_i$로 하고 이것을 식(4-18)에 대입하면

$$n_i = N_c \exp\{-(E_c - E_i)/k_B T\} = N_v \exp\{-(E_i - E_v)/k_B T\} \tag{4-21}$$

가 된다. 이 관계를 써서 식(4-10)과 (4-13)를 고쳐 쓰면

$$n = n_\mathrm{i} \exp(E_\mathrm{f} - E_\mathrm{i})/k_\mathrm{B}T \tag{4-22}$$

$$p = n_\mathrm{i} \exp(E_\mathrm{i} - E_\mathrm{f})/k_\mathrm{B}T \tag{4-23}$$

가 된다. 식(4-22)과(4-23)는 전자와 정공 농도를 진성 캐리어 농도로 나타내고 있다. 진성 반도체에서는 $E_\mathrm{f} = E_\mathrm{i}$이기 때문에 $n = p = n_\mathrm{i}$가 된다.

4-4 불순물 반도체

진성 반도체 내의 캐리어 농도는 대단히 작기 때문에 반도체 소자용으로는 그대로 쓸 수 없다. 실제의 device에서는 전도형을 규정하는 불순물을 첨가하여(doping) 저항치를 제어하고 있다. 가하는 불순물을 dopant로 dope한 반도체를 불순물 반도체라고 한다. 책 끝의 부록3의 주기율표에서 Ⅴ족의 원소, 예를 들면 P, As나 Sb 등을 4가 원소를 Si에 dope하면 Ⅴ족의 원소는 5가이기 때문에 결정 격자 속에서 1개의 전자가 남는다. 이 여분인 전자는 결합에 관계되지 않기 때문에 원래의 Ⅴ족의 원자의 주위를 움직일 수 있다. 자유롭게 움직일 수 있는 전자는 불순물에 양의 전하를 남겨 놓은 채로 음의 전하를 나른다. 전체는 전하의 중성조건이 유지된다. Ⅴ가의 원자는 Si 속에서 1개가 잉여의 전자를 낼 수 있기 때문에 donor라고 하고 이 반도체를 n형 반도체라고 부른다. n형 반도체의 전기 전도도는 Ⅴ족 불순물의 농도로 제어된다.

만약에 n형 불순물의 대신에 B, Al이나 Ga의 Ⅲ족 원소를 Si에 dope하면 1개의 전자가 모자라게 된다. 즉, 잉여 정공을 형성하게 되고 이 반도체를 p형 반도체라고 한다. 이렇게 하면 정공은 불순물 원자에 음의 전하를 남기게 된다. 정공의 수는 불순물의 수와 같다. Si 내의 Ⅲ가의 불순물은 정공을 만들 때 1개의 전자를 받아들이기 때문에 acceptor라고 부르고 이 형의 반도

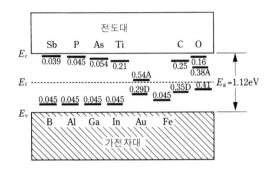

그림 4-5 Si 반도체에서 각종 불순물의 이온화 에너지

체를 p형 반도체라고 한다.

Si의 n 및 p형 반도체의 에너지대를 그림4-5에 보인다. 가전자대의 위단 E_v로 부터 측정한 에너지 준위 E_a는 acceptor의 이온화 에너지이다. 이 이온화 에너지는 약 $40 \sim 60$ meV로 작아서 kT 정도이고 acceptor 불순물은 용이하게 이온화되어 정공을 생성한다. 같은 방법으로 donor 준위도 전도대에 가까운 금지대에 존재하고 그 이온화 에너지도 40 meV 정도이다.

Cu나 Au는 금지대의 중심 가까이에 깊은 준위를 형성하여 통상 자유 캐리어를 포획하여 저항률의 증대 또는 device 특성을 현저히 변화시킨다.

다음에는 n형 반도체 내의 캐리어의 거동 및 Fermi 준위에 대해서 생각하여 본다. 농도 N_d의 donor를 Si에 dope하면 전도대의 전자 농도는 증가한다. 이것은 전도대에서의 전자의 점유 확률의 증가에 해당한다. 이 조건으로부터 Fermi 준위는 중앙의 위치로부터 위로 이동한다. 그림4-6에 n형 반도체의 캐리어 농도를 얻는 도식적 방법을 보인다. 모든 donor는 이온화하고 있다고 생각하면 전도대의 총 전자 수는 donor 준위로부터의 전자 수 N_d와 가전자대에서 나간 전자 수의 합과 같다. 가전자대에서 나간 전자는 같은 수의 정공 p를 가전자대에 남기기 때문에 전자 농도는

$$n = p + N_d^+ \tag{4-24}$$

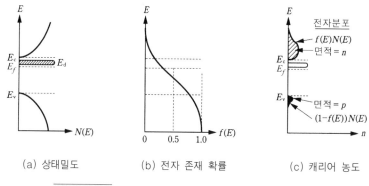

(a) 상태밀도　　　　(b) 전자 존재 확률　　　　(c) 캐리어 농도

그림 4-6 n형 반도체의 캐리어 농도를 구하는 방법

이 된다. 통상은 p가 작기 때문에 $n \sim N_d$이라고 생각해도 좋다. 이 식은 n형 반도체의 공간 전하의 중성 조건을 기술하고 있다.

전도대의 전자 농도나 가전자대의 정공 농도를 구하는 식은 이미 식(4-10) 및(4-13)에 보였다. 그러나, donor 준위로부터의 전자농도나 acceptor 준위로부터의 정공 농도를 구하는 경우, 식(4-2)에서 보이는 Fermi-Dirac 통계를 그대로 사용할 수는 없다. 왜냐하면, 전도대의 에너지 준위에는 양과 음의 spin을 갖는 2개의 전자가 채워지지만, donor 준위에는 전자가 1개밖에 들어갈 수 없기 때문이다. 따라서 donor 준위에 전자가 점유하는 확률 $f(E_d)$는 Fermi-Dirac 통계와 다르고 다음 식으로 표시된다.

$$f(E_d) = \cfrac{1}{1 + \cfrac{1}{2}\exp\left(\cfrac{E_d - E_f}{k_B T}\right)} \tag{4-25}$$

한편, acceptor 준위에 전자가 점유하는 확률은

$$f(E_d) = \cfrac{1}{1 + 2\exp\left(\cfrac{E_a - E_f}{k_B T}\right)} \tag{4-26}$$

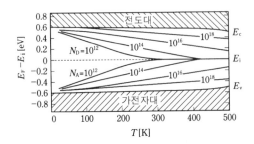

Si의 Fermi 준위에 대한 온도와 불순물 농도의 관계

가 되고, 분모의 1/2나 2는 축퇴 인자라고 부른다. donor 준위가 이온화하고
있는 확률은 $1 - f(E_d)$이기 때문에, 식(4-24)은

$$N_c f(E_c) = N_v\{1 - f(E_v)\} + N_d\{1 - f(E_d)\} \qquad (4\text{-}27)$$

가 된다.

(i) 저온영역

저온에서는 가전자대에서 전도대에 여기되는 전자는 적기 때문에 가전자
대의 정공 농도는 대단히 적어 식(4-27)의 우변의 제1항은 무시할 수 있다.
따라서,

$$n = N_d\{1 - f(E_d)\} = \frac{N_d}{1 + 2\exp\left(\dfrac{E_f - E_d}{k_B T}\right)} \qquad (4\text{-}28)$$

이 된다. 식(4-10)부터 $\exp(E_f / k_B T) = n / N_c \exp(E_c / k_B T)$가 되기 때
문에 이것을 위 식에 대입하여

$$\frac{n^2}{N_d - n} = \frac{1}{2} N_c \exp\left(-\frac{E_c - E_d}{k_B T}\right) \qquad (4\text{-}29)$$

의 전자 농도 n가 구해진다. 또한, 식(4-28)의 좌변에 식(4-10)을 대입하여
$x = \exp\{(E_f - E_d) / k_B T\}$로 하면

$$2x^2 + x - \frac{N_d}{N_c} \exp\left(\frac{E_c - E_d}{k_B T}\right) = 0 \tag{4-30}$$

이 된다. 이 2차 방정식을 푸는 것에 의해 Fermi 준위 E_f

$$E_f = E_d + k_B T \ln\left[-\frac{1}{4} + \frac{1}{4}\left\{1 + \frac{8N_d}{N_c}\exp\left(\frac{E_c - E_d}{k_B T}\right)\right\}^{1/2}\right] \tag{4-31}$$

가 구해진다.

온도가 더욱 낮을 때는 이온화한 donor는 적고 $N_d \gg n$이기 때문에 식 (4-29)은

$$n = \sqrt{\frac{N_c N_d}{2}} \exp\left(-\frac{E_c - E_d}{2k_B T}\right) \tag{4-32}$$

가 된다. 또한, $(E_c - E_d)/k_B T \gg 1$의 저온에서는 식(4-31)은

$$E_f = \frac{E_c + E_d}{2} + \frac{k_B T}{2} \ln\left(\frac{N_d}{2N_c}\right) \tag{4-33}$$

로 간략화 된다. 따라서, Fermi 준위는 전도대의 밑바닥과 donor 준위의 중간에 위치하고 전자 농도는 지수 함수적으로 변화한다.

(ii) 중간 온도대

온도가 높게 되어 $(E_c - E_d) \ll k_B T \ll E_g$가 되면 donor는 충분히 이온화하고 있다. 이 때의 전자 농도 n는

$$n = N_c \exp\left(\frac{E_f - E_c}{k_B T}\right) \approx N_d \exp\left(\frac{E_d - E_c}{k_B T}\right) \approx N_d \tag{4-34}$$

로 온도가 변화하더라도 donor 농도는 일정하다. 이 영역을 포화 영역이라고 한다. Fermi 준위 E_f는 식(4-31)의 지수항의 Taylor 전개에 의해

$$E_f \approx E_{\mathrm{d}} + k_{\mathrm{B}} T \ln\left(\frac{N_{\mathrm{d}}}{N_{\mathrm{c}}}\right) \tag{4-35}$$

가 얻어진다.

(ⅲ) 고온 영역

더욱 고온이 되어 가전자대에서 직접 전도대에 전자가 여기되어 $n \gg N_{\mathrm{d}}$ 가 되면 $n = p$ 와 전자 농도와 정공 농도는 같게 된다. 이 상태는 진성 반도체의 캐리어 농도와 같이 되어 식(4-19)으로 써진다.

이상의 식에서의 전개의 이해를 깊게 하기 위해서 예제를 그림으로 보자. 그림4-8은 donor 농도와 $N_{\mathrm{d}} = 10^{15}\mathrm{cm}^{-3}$와 $10^{17}\mathrm{cm}^{-3}$ 때의 전자 농도를 온도의 함수로서 보인 것이다. 낮은 온도에서 Si 내의 donor는 전부 이온화하지 않고 있기 때문에 전자 농도는 donor 농도보다 작다. 온도가 상승함에 따라서 완전히 이온화한다 ($N_{\mathrm{d}} = n$). 이것보다 높은 온도 범위에서는 전자 농도는 거의 일정하고 포화 영역이다. 더욱이 온도를 올리면 가전자대에서 유기되는 전자 농도가 많아져서 반도체는 진성이 된다.

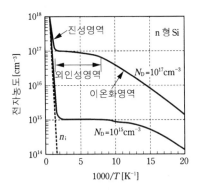

그림 4-8 n형 Si의 전자 농도의 온도 의존성

4-5 반도체의 전기전도

열 평형 상태에서는 전자나 정공 등의 캐리어와 결정 격자의 원자는 자유롭게 열 운동을 하고 있다. 통계역학으로부터 캐리어는 $3k_B T/2$의 열 에너지를 갖고 있기 때문에 다음의 관계식으로부터 캐리어의 평균속도를 구할 수 있다.

$$\frac{1}{2} m_e v_{th}^2 = \frac{3}{2} k_B T \qquad (4\text{-}36)$$

Si 내의 전자의 실온에서의 평균속도는 약10^7 cm/s 이다.

열 평형에서는 전자는 무질서하게 운동하고 있어서 어느 방향으로도 전류를 발생시키기지 않는다. Si 원자와의 충돌로부터 다음 충돌까지의 거리를 평균 자유 행정이라고 부르고 10^{-6}과 10^{-4}cm의 사이에 있다. 10^7 cm/s의 속도에서는 충돌과 충돌의 사이의 평균 완화 시간은 1 ps(10^{-12} s)이다. 만일 외부에서 Si 결정에 전기장 ξ 이 인가되면 전자는 전계와 반대의 방향으로 움직이는 힘을 받는다. 그 결과로서 전자는 전계와 반대 방향으로 움직여 (drift) 전기가 흐른다.

반도체 내의 전자는 격자 등의 산란에 의해 일정한 drift 속도로 운동한다. drift 속도 v_d는 완화 시간 동안에 전자에 주어지는 힘의 합(힘 × 시간)을 그 시간 내에 전자가 얻은 운동량과 같다고 하여 얻어진다. 전계를 ξ 라고 하면 전자에 주어지는 운동량은 $-q \cdot \xi \cdot \tau_c$이고 전자가 얻는 운동량은 $m_e \cdot v_d$이다. 따라서,

$$-q \cdot \xi \cdot \tau_c = m_e \cdot v_d \qquad (4\text{-}37)$$

이다. 이 식으로부터 전자의 drift 속도는 전계에 비례하고 비례 상수는 평균 완화 시간/유효 질량인 것을 알 수 있다. 이 비례 상수는 $cm^2/ V \cdot sec$의 단위로 표시되고 전자 이동도라고 부른다. 따라서,

$$v_d = -\mu_n \cdot \xi \qquad (4\text{-}38)$$

가 된다. 이 이동도는 반도체에서의 중요한 parameter이다. 같은 식이 정공에서도 성립한다.

$$v_d = \mu_p \cdot \xi \qquad (4\text{-}39)$$

여기서 μ_p는 정공의 이동도이다. 음의 부호가 없는 것은 정공의 drift는 전계와 같은 방향이기 때문이다.

식(4-39)이 성립한다고 하면 drift 속도는 전계에 비례한다. 이 관계는 낮은 전계에서는 성립하지만 전계를 강하게 하면 포화하는 경향이 있고 최종적으로는 식(4-36)의 열 속도에 가까이 간다. 그 전계는 경계 전계라고 부르고 Si에서는 약 1×10^6V/cm에서 전자의 drift 속도는 10^7cm/s가 된다. GaAs의 경계 전계는 3×10^3V/cm에서 전자의 drift 속도는 2×10^7cm/s가 되지만 더욱 전계를 높게 하면 drift 속도는 저하하여 1×10^5V/cm에서는 Si 쪽이 반대로 커진다. 이 GaAs에서 보이는 미분 음성 속도는 고전 계에서 전자가 Γ점에서 L점으로 산란되기 때문이다(그림3-12 참조). 이 현상을 이용하여 GaAs에서 마이크로파를 발진하는 Gunn효과 device가 만들어지고 있다.

이동도는 여러 가지의 산란에 의해 제한된다. 불순물이 포함되지 않은 고순도의 반도체에서는 격자에 의한 산란만이 기여한다. 따라서, 저온으로 하면 격자 산란이 억제되고 이동도는 증가한다. 한편, 불순물 반도체에서는 불순물에 의한 캐리어의 산란 때문에 고농도만큼 이동도는 감소한다. 그림4-9는 Si와 GaAs에 대한 이동도와 doping 농도의 관계를 보인다. 낮은 불순물 농도에서는 이동도의 값은 크고 일정하지만 농도가 10^{16} cm^{-3}보다 커지면 불순물의 산란 때문에 이동도는 감소한다. 전자의 이동도는 정공의 이동도보다도 크고 다른 반도체에서도 같다.

전계를 가한 상태에서의 캐리어 수송은 drift 전류라고 하는 전류를 만든다. 그림4-10에 보이는 막대 모양의 반도체에 대해서 생각한다. 단위 부피당 n개의 전자가 포함되고 있으면 drift 전류 I는

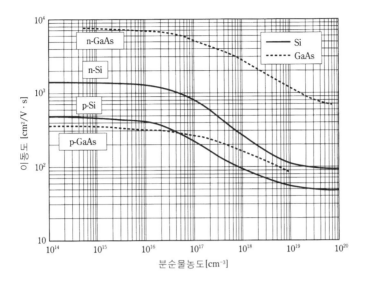

<u>그림 4-9</u>   Si 및 GaAs 반도체의 전자와 정공 이동도와 불순물 농도와의 관계

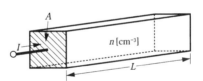

<u>그림 4-10</u>   막대상 반도체의 전도전류

$$I = -qAnv_{\mathrm{d}} = qAn\mu_{\mathrm{n}}\xi \tag{4-40}$$

로 주어진다. A는 막대의 단면적, 전계 (ξ)는 전압 (V)/막대의 길이(L)이다. 막대의 저항 R은

$$R = V/I = \rho L/A \tag{4-41}$$

이기 때문에

$$1/\rho = q\mu_{\mathrm{n}}n \tag{4-42}$$

이 된다. ρ는 저항률[$\Omega \cdot$ cm]이다. 정공의 drift 전류도 같이 기술할 수 있기 때문에 전자와 정공을 포함하는 반도체의 저항률은 다음과 같이 된다.

$$1/\rho = q\mu_n n + q\mu_p p \tag{4-43}$$

반도체의 저항률은 device 설계에 있어서 중요한 parameter이다. 그림4-11에 n형과 p형의 Si와 GaAs 에 대한 저항률과 불순물 농도의 관계를 보인다. 이것들의 데이타는 Irvin 등의 실험으로부터 얻어진 값이고 저 농도에서는 거의 직선적으로 변화하지만 고농도에서는 이동도의 비직선성 때문에 직선으로부터 벗어나고 있다.

식(4-39)에서 전계가 걸렸을 때의 캐리어 수송에 대해서 말하였지만 또 하나의 중요한 캐리어수송이 확산이다. 이 확산에 의한 캐리어 수송은 반도체 내에 농도 기울기가 있을 때에 생긴다. 확산류는 일반적으로는 다음의 Fick 의 법칙에 따른다.

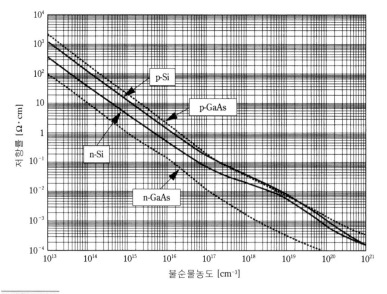

그림 4-11 n 및 p형 Si과 GaAs 반도체의 저항률과 분순물 농도와의 관계 (Irvin Curve라 부른다. 이동도는 그림 4-9를 사용)

$$F = -D\frac{dN}{dx} \tag{4-44}$$

여기서 F는 캐리어 유속 $[\mathrm{s}^{-1} \cdot \mathrm{cm}^{-2}]$, D는 확산 계수 $[\mathrm{cm}^2/\mathrm{s}]$, N는 캐리어농도 $[\mathrm{cm}^{-3}]$

이 생각을 전자의 확산 전류로 바꿔 놓으면

$$I_{\mathrm{n}} = qAD_{\mathrm{n}}\frac{dn}{dx} \tag{4-45}$$

로 된다. 같은 방법으로 정공의 확산 전류는 다음 식으로 쓰여진다.

$$I_{\mathrm{p}} = -qAD_{\mathrm{p}}\frac{dp}{dx} \tag{4-46}$$

D_{p}와 D_{n}은 전자와 정공의 확산 계수로 이동도를 알면 다음의 Einstein의 관계식으로부터 확산 계수가 계산된다.

$$\frac{D_{\mathrm{n}}}{\mu_{\mathrm{n}}} = \frac{D_{\mathrm{p}}}{\mu_{\mathrm{p}}} = \frac{k_{\mathrm{B}}T}{q} \tag{4-47}$$

저 불순물 농도의 Si의 확산 계수는 전자의 경우 $D_{\mathrm{n}} = 38\,\mathrm{cm}^2/\mathrm{s}$, 정공은 $D_{\mathrm{p}} = 13\,\mathrm{cm}^2/\mathrm{s}$ 이다.

전자에 관계하는 전체 전류는 drift와 확산 전류의 합이기 때문에 식(4-40) 과 식(4-45)으로 부터 전체 전자 전류는

$$I_{\mathrm{n}} = qA\left(\mu_{\mathrm{n}}n\xi + D_{\mathrm{n}}\frac{dn}{dx}\right) \tag{4-48}$$

로 된다. 전체 정공 전류는

$$I_{\mathrm{p}} = qA\left(\mu_{\mathrm{p}}p\xi - D_{\mathrm{p}}\frac{dp}{dt}\right) \tag{4-49}$$

로 된다.

4-6 반도체에서의 캐리어 재결합

4-6-1 캐리어의 생성

　반도체 내의 캐리어는 주위의 온도에 해당하는 열 에너지를 갖고 있고 이 열 에너지로 가전자대의 전자를 전도대로 올릴 수 있다. 전자가 전도대로 천이하면 가전자대에는 같은 수의 정공이 생겨서 전자-정공 쌍이 형성된다.
　이 과정을 캐리어 생성(generation)이라고 하고 그림4-12에서 G_{th}로 나타낸다. 이 역 과정 즉 전자가 전도대에서 가전자대로 천이하여 전자-정공 쌍이 소멸하는 과정을 재결합(recombination)라고 부른다. 그림4-12에서는 R_{th}로 표시되고 있다. 열 평형 상태에서는 캐리어의 생성과 소멸 속도는 같은 캐리어 농도에서는 일정하다.
　외부에서 반도체에 전압을 가하거나 금지대 폭보다 큰 에너지의 광을 조사하면 열 평형 상태보다 많은 캐리어가 반도체 내부에 도입된다. 이 상태를 캐리어 주입, 증가한 캐리어는 과잉 캐리어라고 한다. 광에 의한 전자-정공 쌍의 생성 비율을 그림4-12에 G_L로 나타내었다. 캐리어의 주입은 전자와 정공의 농도를 증가시키고 그 곱은 $pn > n_i^2$가 된다.

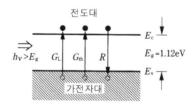

그림 4-12 광조사에 의한 전자-정공쌍의 생성과 재결합

4-6-2 직접 재결합

　과도한 전도대의 전자는 어떤 방법으로든지 가전자대의 과도한 정공과 재

결합하여 소멸하여 열 평형 상태로 되돌아간다. 재결합은 photon(광자)이 방출되는 복사성 재결합과 photon은 나오지 않고 격자에 열의 형태로 방출하는 비복사성 재결합이 있다. 전자는 GaAs 등의 직접 천이 반도체에서 일어나고 후자는 Si 등의 간접 천이 반도체에서 일어난다. 재결합 과정으로서는 직접과 간접 재결합이 있다.

직접 재결합에서는 전도대의 전자가 가전자대로 직접 천이하여 정공과 재결합한다. 이 천이의 비율은 전도대의 전자 수와 가전자대의 정공 농도에 비례하기 때문에 직접 재결합의 속도 $R[\text{cm}^{-3} \cdot \text{s}^{-1}]$은

$$R = B \cdot n \cdot p \tag{4-50}$$

이 된다. B는 재결합에 관여하는 계수이다. 평형 상태에서는 생성과 재결합이 균형을 이루고 있기 때문에

$$G_{\text{th}} = R_{\text{th}} = B n_0 p_0 \tag{4-51}$$

이다. 광이 조사되어 전자-정공 쌍이 G_L의 속도로 생겼을 때 이 캐리어 농도는 열 평형 값(n_0 또는 p_0)을 넘게된다. 따라서, 생성과 재결합의 속도는 다음 식으로 표시된다.

$$R = Bnp = B(n_0 + \Delta n)(p_0 + \Delta p) \tag{4-52}$$

$$G = G_{\text{th}} + G_L \tag{4-53}$$

Δn과 Δp는 과잉 캐리어 농도이다. 정상 상태의 조사에서는 $G = R$ 이기 때문에

$$G_L = R - G_{\text{th}} \equiv U \tag{4-54}$$

가 된다. U는 전체의 재결합 속도이다. 식(4-51)과(4-52)를 식(4-54)에 대입하여 다음 식을 얻는다.

$$G_L = B(n_0 + \Delta n)(p_0 + \Delta p) - Bn_0 p_0 \tag{4-55}$$

$\Delta n = \Delta p$ 이기 때문에

$$G_L = B(\Delta p)^2 + B(p_0 + n_0)\Delta p \tag{4-56}$$

으로 쓸 수 있다. $\Delta p \ll (p_0 + n_0)$이기 때문에 식(4-51)에 의해 간단히 된다.

$$\Delta p = \frac{G_L}{B(n_0 + p_0)} = G_L \tau = U\tau \tag{4-57}$$

식(4-57)의 τ 는 과잉 캐리어의 캐리어 수명이라고 부른다. 예를 들면 생성 속도 G_L가 $10^{18} \mathrm{cm}^{-3} \cdot \mathrm{s}^{-1}$에서 소수 캐리어 수명 τ 가 $100\,\mu\mathrm{s}$ 이면 과잉 캐리어 농도 Δp는 $10^{14}\,\mathrm{cm}^{-3}$이 된다.

4-6-3 재결합 중심

Si에서는 band 내에 존재하는 준위를 경유하는 과잉 캐리어 끼리의 재결합이 생긴다. 이 준위를 재결합 중심이라고 하지만 그림4-13에 보이는 것같이 우선 소수 캐리어의 전자가 금지대 중앙 부근의 깊은 준위에 포획되고 이어서 그 준위에 다수 캐리어인 정공이 붙잡혀 전자와 재결합한다. 이 재결합 중심은 Fe나 Cu등 어떤 천이 금속 불순물이나 격자 결함 등이 원인이 되어 형성된다.

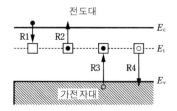

그림 4-13 캐리어 생성과 재결합

 재결합이 일어나기 쉬운 정도는 그 재결합 중심의 종류에 따라 다르고 포획 단면적 σ (capture cross section)라는 반도체 parameter로 기술된다. 그 값은 통상 $10^{-15} \sim 10^{-17}$ cm^{2}이다. 이 의미는 캐리어의 열 속도를 v_{th}로 하면 재결합 중심에서 부피 $\sigma \times v_{\text{th}}$내에 캐리어가 오면 포획된다. 또한, 재결합 중심으로 작용하기 위해서는 전자에 대한 포획 단면적과 정공에 대한 포획 단면적이 거의 동등하게 될 필요가 있다. 그것들의 값이 크게 다른 경우는 trap라고 부른다. 재결합 중심을 경유한 수명시간 τ (lifetime)은 재결합 중심의 농도를 N_{r}로 하면

$$\tau = \frac{1}{N_{\text{r}} \sigma v_{\text{th}}} \tag{4-58}$$

로 표시된다.

 일반적으로는 수명 시간은 다음 식으로 표현된다.

$$\tau = \frac{\left[n + p + 2n_{\text{i}} \cos h \left\{ \dfrac{E_{\text{t}} - E_{\text{i}}}{k_{\text{B}} T} \right\} \right]}{v_{\text{th}} \sigma N_{\text{t}} (n + p)} \tag{4-59}$$

 이 식은 Shockley-Read-Hall의 식이라고 부르고 τ의 최소는 $E_{\text{t}} = E_{\text{i}}$일 때 즉, 재결합 중심이 금지대의 중심이나 그 부근에서 생긴다.

4-6-4 재결합의 과도응답

 캐리어 수명의 물리적 의미는 광의 조사를 급속히 정지한 후의 과도 응답에 잘 나타난다. 과잉 캐리어의 변화 속도는 다음 식으로 일반적으로 표현된다. 재결합 속도를 U로 하면,

$$\frac{d \Delta p}{dt} = G_{\text{L}} - U \tag{4-60}$$

 저 level에서의 주입에서는

$$\frac{\mathrm{d}\Delta p}{\mathrm{d}t} = G_\mathrm{L} - \frac{\Delta p}{\tau_\mathrm{p}} \tag{4-61}$$

라고 고쳐 쓸 수 있다. 정상상태($t \ll 0$)에서는 시간 미분은 zero이므로 $\Delta p = G_\mathrm{L} \cdot \tau_\mathrm{p}$가 된다.

$t > 0$에서는 $G = 0$이기 때문에 식(4-61)을 풀면

$$\Delta p = G_\mathrm{L}\tau_\mathrm{p} \exp(-t/\tau_\mathrm{p}) \tag{4-62}$$

가 된다. 그림4-14(a)에 캐리어 농도의 시간 변화를 보인다. 소수 캐리어는 다수 캐리어와 재결합하여 수명 τ_p에서 지수 함수적으로 감쇠한다. 이 방법은 광 전도율 감쇠법이라고 부르고 측정법의 모식도를 그림4-14(b)에 보인다. 광 pulse에 의해서 반도체에 일정한 과잉캐리어를 생성시키면 일시적으로 전도율은 상승한다. 전도율의 증가는 시료에 흐르는 전류가 변하지 않으면 양단의 전위 차의 저하로부터 알 수 있다. oscilloscope으로 관측되는 전도율의 감쇠가 과잉 캐리어의 수명에 해당한다.

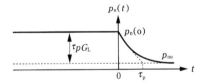

(a) 광조사를 정지한 후의 소수캐리어의 감쇄

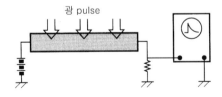

(b) Oscilloscope를 이용한 전도률 측정

그림 4-14 광전도률 감쇄법에 의한 소수캐리어 수명의 측정

4-7 반도체의 기본 방정식

먼저 말한 것처럼 반도체 속에서는 캐리어의 수송, 발생과 재결합의 기구 가 존재하고 있다. 이것들의 기구는 전류 연속의 조건과 서로 관련되고 있 다. 그림4-15은 단위 단면적 당의 Δx 안에서의 1차원 정공 전류에 대해서 나 타내고 있다. 식(4-40)으로부터 시간당 흘러들어 오는 정공 수의 증가분은 나가는 정공 수와 들어가는 정공 수의 차이기 때문에

$$\frac{J_p(x+\Delta x)}{q} - \frac{J_p(x)}{q} = \frac{1}{q} \cdot \frac{\partial J_p}{\partial x} \Delta x \tag{4-63}$$

안에서의 캐리어 재결합은

$$U\Delta x = \frac{p - p_0}{\tau_p} \Delta x \tag{4-64}$$

로, Δx 내의 정공의 변화비율은 식(4-63)과(4-64)의 합이기 때문에 전류 연속 의 식은

$$\frac{1}{q} \frac{\partial J_p}{\partial} + \frac{p - p_0}{\tau_p} = -\frac{\partial p}{\partial t} \tag{4-65}$$

$$-\frac{1}{q} \frac{\partial J_n}{\partial x} + \frac{n - n_0}{\tau_n} = -\frac{\partial n}{\partial t} \tag{4-66}$$

이 된다.

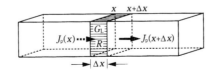

그림 4-15 반도체의 미소 두께 Δx 에서의 전류 연속성

표 4-1 각종 simulation program의 개요

종류	Simulator 명	내용	개발기관
Device	GEMINI FCAP CADDETH	threshold, 내압 MOSFET의 전기특성 3차원BIP특성	Stanford대학 HP사 히타치
회로	SPICE SPLICE MOTIS	전기회로의 전압 특성변화의 예측 Mask pattern의 검증	California대학 California대학 Bell사
Process	SUPREM SUPRA SAMPLE	불순물 분포의 예측 이온 주입의 최적화 Resist형상의 예측	Stanford대학 Stanford대학 Stanford대학

반도체의 기본 방정식은 이 전류 연속의 식, 먼저 말한 전류의 식, 아래의 Poisson 방정식이 있다.

$$\frac{d^2\phi}{dx^2} = \frac{q}{K\varepsilon_0}[(n-p)+(N_a-N_d)] \tag{4-67}$$

이상의 세 종류의 기본 방정식을 써서 각종 반도체 device의 simulation program이 개발되어 있다. 그 program을 device simulator라고 한다. simulator 로는 device simulator 외에 회로 및 process에 관한 simulator가 있다. 주된 것 을 표4-1에 보인다.

POINT

1 결정 내의 전자의 거동이나 그 여러 가지 현상을 설명하는 이론을 band 이론이라고 하고 간단히 말해서 전자 현상에 관련되는 전도대의 하단과 결정 구성 원자의 결합에 관련한 가전자대의 상단의 2개의 에너지 준위만으로 band 구조를 표시하여 금속이나 진성 반도체, 절연체의 전도 현상이나 발광 현상을 설명하는 것이 가능하다(그림4-1).

2 전자에 적용할 수 있는 Fermi-Dirac 분포 함수는 0 K 때 Fermi 준위 E_f 보다 작은 에너지의 영역에서는 1과 같고 E_f 보다 큰 준위에서는 zero 이다. $T > 0$ K의 경우 점유되는 전자의 존재 확률은 $E = E_f$ 이면 온도에 관계없이 1/2이 된다(그림4-2).

3 반도체의 전도대 E_c의 전자 밀도 n과 가전자대 E_v의 정공 밀도 p는 각각의 상태 밀도와 분포 함수의 곱으로 구해진다. 상태밀도는 전자나 정공을 수용할 수 있는 상태의 밀도로 에너지 E의 평방근에 비례하고 분포함수 $f(E)$는 어떤 에너지 상태 E에서 점유할 수 있는 Fermi-Dirac 통계에 따르는 전자 존재 확률 $f(E, T) = 1/1 + \exp(E - E_f)/k_B T$ 이기 때문에 전자분포는 $f(E)N(E)$, 정공 분포는 $1 - f(E)N(E)$가 된다(그림4-3).

4 반도체의 전도대 E_c의 전자 밀도 n와 가전자대 E_v의 정공밀도 p의 곱은 유효 상태 밀도 N_c, N_v과 금지대폭 $E_g = (E_c - E_v)$에만 의존하고 불순물 농도 즉, Fermi 준위의 위치에 의존하지 않는다. 따라서, 진성 반도체의 진성 캐리어 농도는 $np = n_i^2$이므로 $n_i^2 = (N_c N_v) \exp(- E_g/2k_B T)$로 주어지는 온도 의존성을 갖고 있다(그림4-4).

5 실온($k_B T = 0.026$ eV)에서 금지대 폭 $E_g = 1.12$ eV를 갖는 Si의 p 형 및 n형 반도체의 에너지대 그림에서는 가전자대의 상단에서 잰 에너지 준위 E_a는 acceptor의 이온화 에너지로써 약40~60meV로 작아 $k_B T$정도이다. 또한, 전도대의 하단에서 잰 donor 준위 E_v의 이온화 에너지도 40 meV로 얕은 준위이다. 이것에 대하여 Cu, Au는 금지대의

중심 가까이 깊은 준위를 형성하고 통상은 자유 캐리어를 포획하여 저항률의 증대나 device의 특성을 현저히 변화시킨다(그림4-5).

6 불순물 반도체와 진성 반도체의 Fermi 준위의 차는 doping 농도의 증대와 동시에 전도대 또는 가전자대의 끝으로 이동하며 금지대 폭은 온도 상승에 의해 감소하여 Fermi 준위도 저하한다(그림4-7).

7 낮은 온도에서는 n형 Si 반도체 내의 donor 불순물이 전부 이온화하지 않고 있기 때문에 전자 농도는donor 농도보다 작지만 온도가 상승함과 동시에 완전히 이온화하여 전자 농도는 일정하여 진다. 더욱 온도를 올리면 가전자대에서 유기되는 전자 농도가 많아지고 n형 Si 반도체는 진성으로 되어버린다(그림4-6).

8 n형과 p형의 Si와 GaAs 반도체에 대한 이동도 μ_n와 μ_p는 불순물 농도가 낮을 때 일정하지만 농도가 10^{16}cm^{-3}보다 커지면 불순물의 산란 때문에 감소한다. 전자와 정공의 확산계수 D_n과 D_p는 Einstein의 관계식 $D_n/\mu_n = D_p/\mu_p = k_B T/q$로부터 구해진다. 또한, 저항률 ρ은 저농도에서는 불순물 농도의 증가와 동시에 직선적으로 감소하지만 10^{16}cm^{-3}보다 큰 고농도에서는 이동도가 급격하게 감소하기 때문에 $1/\rho = qn\mu_n + qp\mu_p$에 따르는 직선으로부터 벗어난다(그림4-11). 다른 반도체도 같은 경향을 보인다.

[연습문제]

1 1cm³당 10^{15}개의 인(P)을 dope한 Si wafer가 있다. 실온에서의 전자농도와 Fermi 준위를 구하라.

2 (a) 300 K 에서의 진성 Si의 저항률을 구하라.

(b) 10^8개의 Si 원자 당 1원자의 비율로 얕은 donor 불순물을 넣은 경우의 저항률을 구하라.

③ (a) 그림4-9과 그림4-11을 써서 300 K에서의 donor 농도 10^{14}cm^{-3}의 Si wafer의 캐리어 농도, 이동도와 전기 전도율을 구하라.

(b) donor 농도10^{18} cm^{-3}로 (a)와 같이 캐리어농도, 이동도와 전기 전도율을 구하라.

④ (a) $10^{15}, 10^{18}, 10^{20}$ cm^{-3}의 비소 원자를 dope한 silicon의 Fermi 준위를 구하라. 단, 비소 원자는 완전히 이온화하고 있다고 가정한다.

(b) (a)에서 얻어진 Fermi 준위 및 다음 식을 써서 완전이온화가 맞는지를 검토해라.

$$N_d^+ = N_d - \frac{N_d}{1 + \frac{1}{2} \exp \frac{(E_d - E_f)}{k_B T}}$$

⑤ 300 K에서 전자의 이동도를 1350 cm^2/V·s로 하면 전계가 (a)10^2 V/cm, (b)10^5 V/cm, 일 때의 전자의 drift 속도를 구하라. 이 결과의 타당성에 대해서 논하라.

⑥ donor 농도10^{15}cm^{-3}, 소수 캐리어 수명 10 μs의 n형 반도체에 광을 조사하였다. 광 조사의 캐리어 생성 속도 $G_L = 5 \times 10^{19}$cm^{-3}·s^{-1}에서의 전자 농도, 정공 농도, 전기 전도율 및 Fermi 준위를 구하라.

- 반도체 사업의 시작 -

반도체라는 말은 언제 나타난 것일까?

도체(conductor)나 절연체(insulator)라는 말은 옛날
부터 있었고 그 중간에 무엇인가 있음직하다고 생각한 연
구가 발표된 것은 독일의 F. Braun(1947)이 최초였다.
물론 그 당시 Si나 Ge 반도체가 없던 시대였고 Braun은
copper pyrite(황동광)에 인가하는 전압의 극성을 바꾸
었을 때 시료의 저항이 변화하는 현상을 찾아냈다. 현재 말
하는 unipolar 구조(MOS Diode)이다. 반도체라는 말
이 나타난 것은 1930년대로서 예를 들면 1938년의 N. F.
Mott의 논문의 semi-conductor를 문자 그대로 반도
체라고 쓰고 있다. 그는 band 이론을 써서 Cu_2O(이산화
동)와 금속 사이의 접합(Schottky접합)에 대해서 연구하
였다. 1930년에는 J. Lilienfeld에 의해 전계 효과형
MOSFET 구조가 처음으로 제안되었다. 1940년대의 전계
효과형에 관한 많은 연구는 모두 실패하였고 1949년의 pn
접합 이론에 관한 Shockley의 논문 발표로 bipolar
(npn)의 전성 시대를 맞이한다.

5. 반도체의 접촉과 접합

집적회로 등으로 대표되는 반도체 소자의 대부분이 금속과 반도체와의 접촉 및 전도형이 다른 반도체의 pn 접합, 금속-절연물-반도체의 구조등 주요한 구성 요소로 이루어져 있다. 이 장에서는 (1)금속과 반도체와의 접촉으로 반도체 표면 band 구조에 의해서 정류 특성 또는 Ohm 특성이 되는 것, (2)반도체의 pn 접합은 가변 용량성과 정류성의 특징을 갖는 전류-전압 특성이 반도체의 다수 캐리어가 아닌 소수 캐리어의 확산에 의한 확산 전류에 의해서 지배되는 것, (3)금속-절연물-반도체의 구조에서 금속측에 가한 인가 전압에 의해서 반전층을 형성시켜 반도체 표면의 캐리어 밀도를 제어할 수 있는 것에 대해서 배우고 전압 인가를 대신하여 (4)반도체에 광을 조사하는 것에 의해 일어나는 광전 현상이나 발광 현상에 대해서도 학습한다.

5-1 금속과 반도체의 접촉

반도체와 금속을 접촉하면 금속의 일함수의 대소 및 반도체가 n형인지 p형인지에 의해서 전류가 흐르는 방법이 다르다. 이것은 일함수가 다른 금속과 반도체의 Fermi 준위가 같게 되기 위해서 band 구조에 전하의 재배열이 이루어지기 때문이다.

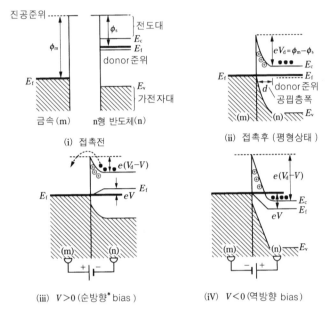

(a) 금속과 n형 반도체의 정류성 접촉 ($\phi_m > \phi_s$) (*금속을 양으로 할 때 순방향이다)

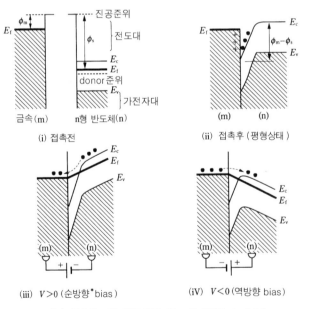

(b) 금속과 n형 반도체의 Ohm성 접촉 ($\phi_m < \phi_s$)

그림 5-1

　금속보다 일함수가 작은 n형의 반도체를 금속과 접촉하면(그림5-1(a)) 일함수의 차에 해당하는 전위차 $e(\phi_m - \phi_s)$(e는 전자의 전하), 즉 확산 전위 V_d를 만들고 이것에 의해 반도체의 계면 측에는 장벽 층이 형성되어 양으로 이온화한 donor만이 남고 금속의 계면에는 음의 전하가 모이기 때문에 이 계면에는 전기 이중층 즉, 공간 전하층이 형성되고 이 자유로운 캐리어가 없는 층을 공핍층(空乏層, depletion layer)이라고 한다. 전압을 가하지 않은 상태에서는 금속에서 반도체로 향하는 전자와 반도체로부터 금속으로 향하는 전자의 수가 같아 정미(net)의 전자의 이동이 없는 평형 상태가 된다. 그러나, 양의 전압 V을 금속측에 가하면 (이것을 순방향 또는 순 bias를 가한다고 한다.), 반도체 측의 장벽 높이가 $e(V_d - V)$로 감소하기 때문에 반도체에서 금속으로 향하는 전자의 수는 지수 함수적으로 증가하고 금속에 음의 전압을 가하면 (이것을 역방향 또는 역 bias를 가한다고 한다.), 반도체 측의 장벽 높이가 증가하기 때문에 반도체로 향하는 전자는 극히 얼마 안되고 반도체로부터 금속으로 향하는 전자는 더욱 작게 된다. 따라서, 이 금속과 n형 반도체 접촉의 경우는 그림5-2에 보이는 것 같이 순방향(forward direction)에는 표면의 에너지대가 올라가므로 전류가 많이 흐르지만 역방향(backward direction)에는 전류가 거의 흐르지 않는 정류 특성(rectifying)을 보인다. 이 장벽을 전자에 대한 Schottky 장벽이라고 한다.

　또한, 금속보다 일함수가 큰 n형의 반도체를 금속에 접촉하면 (그림5-1(b)), 금속의 Fermi 준위가 높기 때문에 전자가 금속으로부터 반도체로 옮겨져서 양쪽의 Fermi 준위가 일치한다. 금속 표면에는 양전하, 반도체 표면에는 음전하가 생기지만 이 표면 전하는 자유 전자로서 움직이기 쉽기 때문에 장벽층은 형성되지 않는다. 양의 전압을 금속측에 가하는 경우는 전자가 반도체에서 금속으로 이동하지만 그것을 방해하는 장벽은 없다. 반대로 음의 전압을 금속에 가하는 경우는 전자가 넘어야 하는 장벽은 작기 때문에 인가 전압의 극성에 의하지 않고 전류가 흘러서 정류 특성을 보이지 않는다. 이러한 접촉을 전자에 대한 Ohm 접촉(Ohmic contact)이라고 한다. 금속과 반도체 접촉의 경우의 전류-전압 특성을 그림5-2에 보인다.

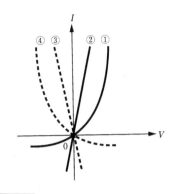

그림 5-2 금속과 반도체의 접촉과 전류특성

① $\phi_m > \phi_s$ (n형 반도체) : 전자의 정류성
② $\phi_m < \phi_s$ (n형 반도체) : 전자의 Ohm성
③ $\phi_m > \phi_s$ (p형 반도체) : 전자의 Ohm성
④ $\phi_m < \phi_s$ (p형 반도체) : 전자의 정류성

 금속보다 일함수가 작은 p형의 반도체를 금속과 접촉하면(그림5-3(a)), 반도체 측의 Fermi 준위가 높기 때문에 반도체의 가전자대의 전자가 금속측으로 이동하여 반도체 표면은 정공이 남고 금속 표면은 음으로 대전하기 때문에 반도체 측의 에너지 대가 위쪽으로 휘어져 있다. 이것은 움직이기 쉬운 정공에는 극히 얼마 안 되는 장벽이지만 금속에 양전압을 가하면 금속측의 정공은 이 장벽을 넘어 반도체 측으로 이동할 수 있고, 반대로 금속에 음전압을 가하면 정공은 자유롭게 금속측으로 옮길 수 있기 때문에 전류가 흐를 수 있다. 이러한 접합은 정공에 대하여 Ohm성 접촉이 된다.

 또한, 금속보다 일함수가 큰 p형의 반도체를 금속과 접촉하면(그림5-3(b)), 금속 측의 Fermi 준위가 높기 때문에 전자가 금속으로부터 반도체로 이동한다. 반도체 측의 가전자대의 정공이 중화되어 반도체 표면에는 음으로 이온화한 acceptor만이 남고 금속 표면에는 전자가 부족하여 양으로 대전되기 때문에 반도체 측의 에너지대가 아래로 휘어져 정공에 대한 장벽이 된다. 인가한 전압은 장벽층에만 걸리기 때문에 n형 반도체의 경우와 완전히 반대가 되어 반도체 측에서 금속측으로 정공이 이동하는 전압 극성(금속이 음, p형 반도체가 양)이 순방향이 된다. 이러한 접촉은 정공에 대한 정류 특성 접촉이 된다.

위에서 $\phi_m > \phi_s(n)$에서 역방향의 경우에 전자에 대하여, $\phi_m < \phi_s(p)$에서 순방향의 경우에 정공에 대하여 Schottky 장벽이 형성된다. 여기서는 그림5-4에 보이는 $\phi_m > \phi_s(n)$으로 역방향 bias의 경우를 예로 들어 이 Schottky 장벽을 해석하여 보자. 장벽 부분의 공핍층을 해석하기 위한 Poisson 방정식은 반도체 표면에서 내부로 향하는 방향으로 축을 잡아

$$\text{div } D = \rho(r) \rightarrow \frac{d^2 V(x)}{dx^2} = \frac{\rho(x)}{\varepsilon_s \varepsilon_0} \tag{5-1}$$

여기서, $V(x)$는 점 x의 전위, $\rho(x)$는 점 x의 공간전하밀도, donor 밀도 N_d와 전자 밀도 n이므로

$$\rho(x) = e(N_d - n) \sim e N_d (N_d \gg n) \tag{5-2}$$

로 주어진다.

공핍층의 두께를 d로 하면 $x = 0$에서는 $V(x) = 0$, $x = d$에서는 $dV/dx = 0$를 경계조건으로 하여 Poisson 방정식을 풀면

$$V(x) = (V_d - V) - e N_d (d-x)^2 / \varepsilon_s \varepsilon_0 \tag{5-3}$$

여기서 $V(0) = (V_d - V) - e N_d (d-x)^2 / \varepsilon_s \varepsilon_0 = 0$이므로

$$1/C^2 = 2(V_d - V)/\varepsilon_s \varepsilon_0 e N_d = [2\varepsilon_s \varepsilon_0 (V_d - V)/e N_d]^{1/2} \tag{5-4}$$

전하 Q는

$$Q = e N_d \times d = \{2e \varepsilon_s \varepsilon_0 N_d (V_d - V)\}^{1/2} \tag{5-5}$$

Schottky 장벽의 용량 C는 아래와 같이 평행 condenser의 용량과 같게 된다.

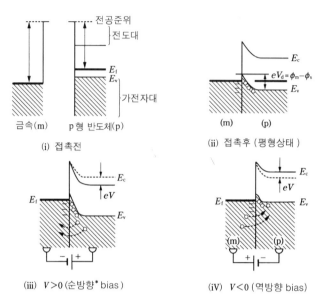

(a) 금속과 p형 반도체의 Ohm성 접촉($\phi_m > \phi_s$)(*p형 반도체를 양으로 할 때 순방향이다)

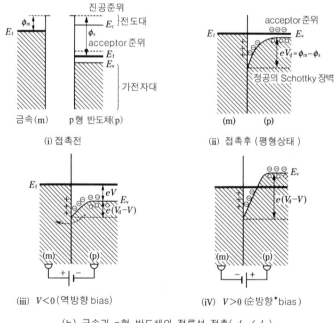

(b) 금속과 p형 반도체의 정류성 접촉($\phi_m < \phi_s$)

그림 5-3

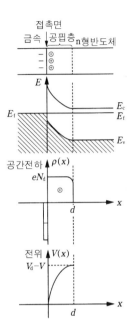

그림 5-4 금속과 n형 반도체의 접촉($\phi_m > \phi_s$)에 의한 Schottky 장벽의 해석

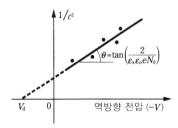

그림 5-5 전자에 대한 Schottky 장벽용량과 역방향 전압의 plot($\phi_m > \phi_s(n)$의 경우)

$$C = (-)\,\mathrm{d}Q/\mathrm{d}V = \varepsilon_s\varepsilon_0/d \tag{5-6}$$

가로축에 역방향 전압($-$) V를 잡고 세로축에 Schottky 장벽 용량의 역수의 제곱 $1/C^2$을 잡아 실험 데이타를 plot 하면 그림5-5에 보는 것 같이 식

(5-4)에 의하여 직선이 된다. 이 직선의 기울기:

$$\tan \theta = 2/\varepsilon_s \varepsilon_0 e N_d \qquad (5\text{-}7)$$

으로부터 금속과 접촉한 n형 반도체의 donor 밀도 N_d의 값을 도식적으로 구할 수 있다.

5-2 반도체의 접합

하나의 반도체 단결정에 acceptor와donor의 불순물을 doping하여 얻어진 p형과 n형 영역이 접하는 부분을 pn 접합(pn junction)이라고 한다.

접합이 형성되면 p형과 n형 반도체의 Fermi 준위를 일치시킬 때까지 전하의 재배열이 일어나고 전자(●)가 n형으로부터 p형으로, 정공(○)이 p형으로부터 n형으로 확산에 의해 이동한다. 전하의 재배열이 평형에 도달하였을 때의 pn 접합의 에너지 준위도를 그림5-6에 보인다. 접합부의 근방에서 약간 떨어진 acceptor(-)와 donor(+)는 이온화하여 전기 이중층을 형성한다. 이것 때문에 내부 전위차가 발생한다. 이것을 확산 전위(diffusion voltage)라고 하고 이것은 정공이나 전자의 확산을 방해하는 장벽이 된다. 접합부에 있던 정공이나 전자는 이 내부 전계 F에 의해서 좌우로 밀려나고 자유 캐리어가 존재하지 않는 영역, 즉 공핍층이 형성된다.

열평형 상태(그림5-7(a))의 pn 접합의 p측에 양의 전압 V을 인가하면(그림5-7(b)), 전위장벽은 $V_d - V$로 낮아진다. 이것 때문에 n형으로부터 다수 캐리어인 전자가 p형 영역으로 용이하게 이동할 수 있게 되어 큰 전류가 흐르게 된다. 이 전류를 순방향 전류라고 하고 가한 전압을 순방향 전압 또는 순방향 bias라고 한다. 반대로 pn 접합의 p측에 음의 전압 $-V$을 인가하면(그림5-7(c)), 전위장벽은 $V_d + V$로 증가하고 전자가 p형으로부터 n형으로 흐르게 된다. 이 전자는 p형 영역에 있고 소수 캐리어이므로 전류는 대단히

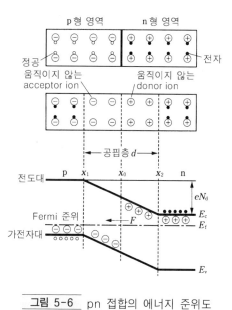

그림 5-6　pn 접합의 에너지 준위도

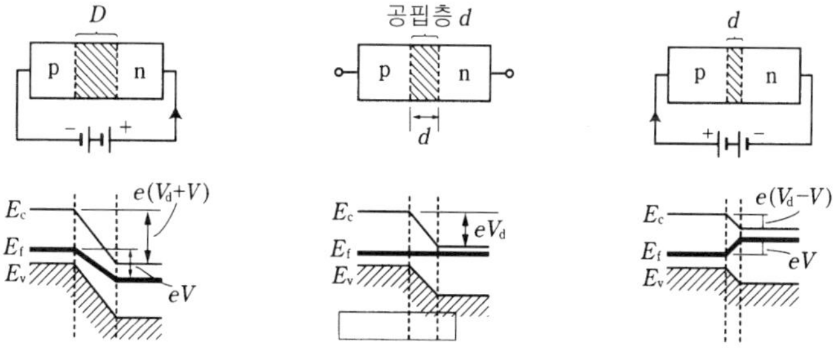

(c) 역방향 bias　　(a) 열평형 상태　　(b) 순방향 bias(V>0)

그림 5-7　bias된 pn 접합의 정류성과 band 구조의 변화

작은 값이 된다. 이 때 흐르는 전류를 역방향 전류 또는 역포화 전류 I_0 라고 하고 이때 인가한 전압을 역방향 전압 또는 역방향 bias라고 한다.

pn 접합을 그림5-8에 보는 것 같이 계단접합(step junction)이나 경사접합 (graded junction) 모델로 근사할 수가 있다. 이 접합의 전위 분포를 p형으로

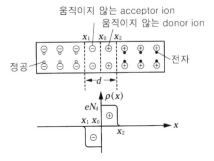

(a) 계단접합근사

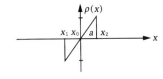

(b) 경사접합근사

그림 5-8 pn 접합의 공핍층 해석

부터 n형으로 향하는 방향으로 x 축을 잡으면 일차원의 Poisson 방정식은

$$\frac{d_2 V(x)}{dx_2} = (-)\rho(x)/\varepsilon_s \varepsilon_0 \tag{5-8}$$

우선 계단 접합 모델을 예로 들어 그 경계치 조건으로

$$x_1 \leqq x \leqq x_0 : \rho(x) = -e\{N_a - p(x) + n(x)\}, \quad V(x) = V_1(x) \tag{5-9 a}$$

$$x_0 \leqq x < x_2 : \rho(x) = e\{N_d + p(x) - n(x)\}, \quad V(x) = V_2(x) \tag{5-9 b}$$

더욱이 연속 조건으로

$$x = x_1 : V_1(x) = 0 \ \& \ dV_1(x)\,dx = 0 \tag{5-10 a}$$

$$x = x_0 : V_1(x) = V_2(x) \ \& \ dV_1(x)/dx = dV_2(x)/dx \tag{5-10 b}$$

$$x = x_2 : V_2(x) = V_d - V \ \& \ dV_2(x)/dx = 0 \tag{5-10 c}$$

공핍층 내($V(x)/k_B T \geqq 1$)에서는

$$x_1 \leqq x \leqq x_0 : \ \rho(x) = -eN_a \tag{5-11 a}$$

$$x_0 \leqq x \leqq x_2 : \ \rho(x) = eN_d \tag{5-11 b}$$

이것들의 영역 이외에서는 $\rho(x) = 0$ 이다.

공핍층 내의 정공 밀도 $p(x)$ 와 전자 밀도 $n(x)$ 는

$$p(x) = p_p \exp\{-eV(x)/k_B T\} \tag{5-12 a}$$

$$n(x) = n_n \exp\{e(V_d - V - V(x))/k_B T\} \tag{5-12 b}$$

여기서, 식(5-8)에 식(5-12)의 전자밀도를 대입하고 경계조건(5-9)과 연속조건(5-11)을 쓰면 공핍층의 두께 d 는

$$d = x_2 - x_1 = \{2\varepsilon_s\varepsilon_0(V_d - V)(N_a + N_d)/eN_aN_d\}^{1/2} \tag{5-13}$$

공핍층 내의 최대전계 F_{max} 는

$$F_{max} = dV(x)/dx|_{x=x_0} = 2(V_d - V)/d \tag{5-14}$$

또한, 공핍층 내에 있는 공간전하 Q 는

$$Q = eN_a(x_0 - X_1) = eN_d(x_2 - X_0)$$
$$= \{2e\varepsilon_s\varepsilon_0(V_d - V)N_aN_d/(N_a + N_d)\}^{1/2} \tag{5-15}$$

또한, 단위 면적당 접합 용량 C는

$$C = (-)dQ/dV = [e\varepsilon_s\varepsilon_0 N_aN_d/\{2(V_d - V)(N_a + N_d)\}]^{1/2}$$
$$= \varepsilon_s\varepsilon_0/d \propto (V_d - V)^{-1/2} \tag{5-16}$$

또한, 경사접합의 근사는 그림5-8로 나타낼 수 있는 경계조건과 연속조건

의 일차원 Poisson 방정식을 풀면 공핍층의 두께 d는 공핍층 내의 불순물 밀도의 경사 기울기 a를 이용하여

$$d = x_2 - x_1 = \{12\varepsilon_s\varepsilon_0(V_d - V)/ea\}^{1/3} \tag{5-17}$$

로 써진다.

공핍층 내의 최대 전계 F_{max}는

$$F_{max} = dV(x)/dx|_{x=x_0} = 3(V_d - V)/2d \tag{5-18}$$

또한, 공핍층 내에 있는 공간전하 Q는

$$Q = \int_{x_0}^{x_2} ea(x - x_0)dx \tag{5-19}$$

이므로 단위 면적당의 접합용량 C는

$$C = (-)dQ/dV = \{ea\varepsilon_s^2\varepsilon_0^2 \: / \: \{12(V_d - V)\}]^{1/3}$$
$$= \varepsilon_s\varepsilon_0 \:/d \propto (V_d - V)^{-1/3} \tag{5-20}$$

이다. 실제의 장벽용량(barrier capacitance) 또는 공핍층 용량(depletion capacitance)은 $C \propto (V_d - V)^{-1/2}$로 표시되는 계단접합 근사의 용량과 $C \propto (V_d - V)^{-1/3}$로 표시되는 계단접합 근사의 용량의 사이에 있다. 양쪽 모두 단위 면적당의 용량은 공핍층이 유전율, 두께 d의 평행판 condenser와 등가인 것을 보이고 있다. 이것들의 근사는 순방향 bias에서는 $V > 0$이기 때문에 공핍층의 두께 d는 좁게되고 접합용량 C는 증가하는데 대하여 역방향 bias에서는 $V > 0$이기 때문에 공핍층의 두께 d는 넓게 되어 접합용량 C는 감소하는 것을 잘 설명한다.

그리고, 그림5-9에 보이는 것 같이 pn 접합에서는 가하는 전압의 양, 음에 의해서 흐르는 전류의 크기가 크게 변하는 정류 특성을 보이지만 여기서는 pn 접합이 이상적인 전류-전압 특성을 이론적으로 끌어내어 본다. pn 접합에

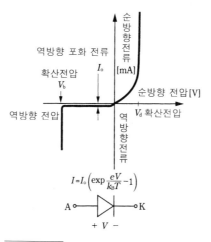

그림 5-9 pn 접합의 전류−전압 특성

전압을 인가하면 그 전압은 p형이나 n형의 반도체의 전도율이 높기 때문에 자유 캐리어가 없는 공핍층에만 걸린다. 이 pn 접합에 수직한 방향으로(이 방향을 x 축으로 잡아)정공과 전자에 의한 전류가 흐르지만 이 전류는 전계 F에 의한 drift 전류와 장소의 캐리어 밀도 기울기에 의한 확산 전류가 있다. 정공과 전자에 의한 전류 밀도를 각각 J_p, J_n으로 하면

$$J_\mathrm{p} = ep\mu_\mathrm{p}F - eD_\mathrm{p}\{\,\mathrm{d}p(x)/\mathrm{d}x\} \tag{5-21 a}$$

$$J_\mathrm{n} = ep\mu_\mathrm{n}F - eD_\mathrm{n}\{\,\mathrm{d}n(x)/\mathrm{d}x\} \tag{5-21 b}$$

우선, 전압 $V=0$의 평형상태에서는 전류의 흐름이 없기 때문에 $J_\mathrm{p}=J_\mathrm{n}=0$가 되고

$$F = (D_\mathrm{p}/p\mu_\mathrm{p}) \cdot (dp/dx) = (k_\mathrm{B}T/ep) \cdot (\mathrm{d}p/\mathrm{d}x)$$

$$F = (D_\mathrm{n}/n\rho_\mathrm{n}) \cdot (dn/dx) = -(k_\mathrm{B}T/en) \cdot (\mathrm{d}n/\mathrm{d}x)$$

여기서, Einstein의 관계식 $D_\mathrm{n}/\mu_\mathrm{n} = D_\mathrm{p}/\mu_\mathrm{p} = k_\mathrm{B}T/q$를 쓰고 있다. 이 공핍층 내의 전장으로부터 확산 전위 V_d를 구할 수 있다.

$$V_{\mathrm{d}} = -\int_{x_2}^{x_1} F dx = -(k_{\mathrm{B}}T/e)\int_{p_{\mathrm{p}0}}^{p_{\mathrm{n}0}} dp/p = (k_{\mathrm{B}}T/e)\ln(p_{\mathrm{p}0}/p_{\mathrm{n}0}) \qquad (5\text{-}22\mathrm{a})$$

같은 방법으로

$$V_{\mathrm{d}} = (k_{\mathrm{B}}T/e)\ln(n_{\mathrm{n}0}/n_{\mathrm{p}0}) \qquad (5\text{-}22\,\mathrm{b})$$

따라서, pn 접합 양측의 평형 상태에서의 소수 캐리어 밀도 $p_{\mathrm{n}0}$와 $n_{\mathrm{p}0}$는 다수 캐리어 평형 밀도 $p_{\mathrm{n}0}$와 $n_{\mathrm{p}0}$의 관계로서

$$p_{\mathrm{n}0} = p_{\mathrm{p}0}\exp(-eV_{\mathrm{d}}/k_{\mathrm{B}}T) \qquad (5\text{-}23\,\mathrm{a})$$

$$n_{\mathrm{p}0} = n_{\mathrm{n}0}\exp(-eV_{\mathrm{d}}/k_{\mathrm{B}}T) \qquad (5\text{-}23\,\mathrm{b})$$

로 나타낼 수 있다.

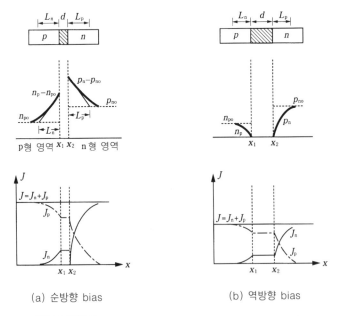

(a) 순방향 bias   (b) 역방향 bias

그림 5-10 과잉 소수 캐리어의 분포와 확산 전류 밀도

　　pn 접합에 외부에서 순방향에 전압 V 을 인가하면 pn 접합 양측의 과잉 소수 캐리어의 분포는 그림5-10으로부터 알 수 있는 것 같이 전자가 n형 영역에서 p형 영역으로 주입되어 소수 캐리어인 전자가 증가하는 한편, 정공이 p형 영역에서 n형 영역으로 주입되어 소수 캐리어인 정공이 증가한다. 이 소수 캐리어의 증가분을 과잉 소수 캐리어라고 한다.

　　pn 접합의 전류-전압은 주입된 과잉소수 캐리어 p_{n0} 와 n_{p0}로 결정된다.

$$\frac{\partial p(x,\,t)}{\partial t} = -\frac{p(x,\,t)-p_{n0}}{\tau_p} + D_p \frac{\partial^2 p(x,\,t)}{\partial x^2} \qquad (5\text{-}24)$$

정상상태에서는 $\partial p(x,t)/\partial t = 0$이므로

$$d_2\{p(x,\,t)-p_{n0}\}/dx^2 = \{p(x,\,t)-p_{n0}\}/\tau_p D_p \qquad (5\text{-}25)$$

이 확산 방정식을 공핍층에서의 경계조건으로 풀고 정공과 전자의 확산거리 $L_p = \sqrt{D_p \tau_p}$, $L_n = \sqrt{D_n \tau_n}$ 를 쓰면

$$p(x) - p_{n0} = (p_n - p_{n0}) \exp(x_2 - x)/L_p \qquad (5\text{-}26\ a)$$

같은 방법으로,

$$n(x) - n_{p0} = (n_p - n_{p0}) \exp(x - x_1)/L_n \qquad (5\text{-}26\ b)$$

따라서, 공핍층의 n 형 영역측 끝 $x = x_2$에서의 정공 전류 밀도는

$$J_p(x) = -eD_p \cdot dp(x)/dx = eD_p(p_n - p_{n0})/L_p = J_{p0}\{\exp(eV/k_B T) - 1\}$$
$$(5\text{-}27\ a)$$

같은 방법으로, 공핍층의 p형 영역측 끝 $x = x_1$에서의 전자 전류 밀도는

$$J_n(x) = -eD_n \cdot dn(x)/dx = eD_n(n_p - n_{p0})/L_n = J_{n0}\{\exp(eV/k_B T) - 1\}$$
$$(5\text{-}27\ b)$$

전압 V을 인가한 pn 접합 전체를 흐르는 전류밀도 J는

$$J = J_p(x_2) + J_n(x_1) = (J_{p0} + J_{n0})\{\exp(eV/k_BT) - 1\}$$
$$J = J_0\{\exp(eV/k_BT) - 1\} \qquad (5\text{-}28)$$

여기서 포화 전류 밀도 J_0는 n형 영역의 donor 밀도 N_d나 p형 영역의
acceptor 밀도 N_a가 전부 이온화하고 있다고 가정하고 진성 캐리어 밀도 n_i
로 나타내면

$$n_1^2 = p_{n0}n_{n0} = n_{p0}p_{p0} \sim p_{n0}\, N_d \sim n_{p0}\, N_a$$
$$J_0 = J_{p0} + J_{n0} = e(D_p p_{n0}/L_p + D_n n_{p0}/L_n) \sim en_i^2(D_p/L_pN_d + D_n/L_nN_a)$$
$$(5\text{-}29)$$

drift 전류를 무시하고 확산 전류만이 흐른다고 가정하고 도출한 식(5-27)으
로 표시되는 pn 접합 전체를 흐르는 전류 밀도 J는 $eV/k_bT \gg 1$의 순방향
전압에서는 V의 지수 함수로 불어나고 $eV/k_bT \ll 1$의 역방향 전압에서는
$J = -J_0$가 되어 포화하는 것을 보이고 그림5-9와 같은 이상적인 pn 접합의
전류-전압 특성을 잘 나타내고 있다.

이 포화 전류 밀도 J_0는 반도체의 불순물 밀도가 클수록, 진성 캐리어 밀
도 n_i가 작을수록, 금지대 폭 E_g가 클수록 작아진다. E_g가 0.66 eV인 Ge
반도체의 경우는 이상적인 pn 접합의 전류-전압 특성을 보이지만 E_g가 1.12
eV의 Si나 Eg가 1.43 eV의 GaAs와 같이 금지대 폭 E_g가 큰 반도체에서는
공핍층 내의 캐리어의 생성 및 재결합 때문에 $eV/k_bT < 10$ 이하의 순방향
전압과 동시에 접합 전류 밀도가 불어나 이상적인 특성으로부터 벗어난다.

이상의 도출에서는 이와 같이 소수 캐리어의 저주입의 경우는 내부 전장
에 의한 소수 캐리어의 drift 효과를 무시할 수 있지만 소수 캐리어가 다수
캐리어보다 많아지는 고주입의 경우에는 접합 전류에 미치는 drift 효과를
무시할 수가 없다. drift 효과는 확산 정수를 2배로 하도록 작용하기 때문에

주입된 소수 캐리어에 의한 확산 전류의 전압 의존성은 $\exp(eV/2k_bT)$ 가 되고, $eV/k_bT > 10$ 이상의 순방향 전압에서는 접합 전류 밀도가 감소하고 이상적인 특성으로부터 벗어난다. 실제로는 대전류 영역에서는 pn 접합이 가지고 있는 직류 저항에 의한 전압 효과 때문에 이상적인 특성으로부터의 벗어남은 더욱 커진다.

pn 접합에 역방향 전압을 크게 가하면 역방향 전류 밀도는 일정한 포화 전류 밀도가 되는 것은 이미 언급하였지만 pn 접합내의 전계 강도가 10^6 V/cm 이 되면 그림5-9와 같이 역방향 전류가 급격히 증가한다. 이것은 반도체의 공핍층의 중앙에서 최대가 되는 최대 전계 강도 F_{max} 가 반도체의 절연 파괴의 강도 F_b 이상으로 되기 때문에 $F_{max} \gg F_b$ 가 되는 현상을 pn 접합의 파괴 또는 항복(break down)이라고 하고 이 때의 전압을 파괴 전압 V_b 라고 한다. 계단 접합 근사에서는 최대 전계 강도 F_{max} 는

$$F_{max} = \{2e(V_d - V)N_aN_d/\varepsilon_s\varepsilon_0(N_a + N_d)\}^{1/2} \tag{5-30}$$

으로 주어진다. 여기서 $F_{max} = F_b$, $V = -V_b$로 놓으면, $|V| \gg |V_d|$이기 때문에 파괴 전압의 크기는

$$|V_b| \sim \varepsilon_s\varepsilon_0(N_a + N_d)F_b^2/2N_aN_d \tag{5-31}$$

이 되고, pn 접합의 불순물 밀도가 높게 되면 파괴 전압이 내려간다. 이러한

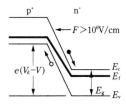

그림 5-11 tunnel 효과에 의한 Zener 파괴(역방향 bias V<0)

○ : 구성원자 (격자점)
● : 전자

그림 5-12 avalanche 현상의 모델도

파괴 현상에는 $4E_g/e(\sim 5\text{V} : \text{Si}$의 경우)보다 낮은 파괴 전압에 의한 Zener 파괴(Zener breakdown)와 $6E_g/e(\sim 7\text{V} : \text{Si}$의 경우)보다 높은 파괴 전압에 의한 눈사태 파괴(avalanche breakdown)의 두개의 기구가 있다. 이들의 중간의 파괴 전압에서는 두개의 파괴가 공존한다. Zener 파괴는 그림5-11에 보이는 것같이 다량의 불순물을 dope한 pn 접합에서는 공핍층이 좁게 되고 이러한 pn 접합에 역방향 전압을 늘리면 $10^6\,\text{V}/\text{cm}$ 이상의 전계가 공핍층에 가해지기 때문에 다량의 캐리어가 tunnel 효과에 의해 파동으로서 빠져나가 역방향 전류가 급증하는 파괴 현상이다. 금지대 폭은 온도 상승과 동시에 작아지기 때문에 Zener 파괴 전압의 값은 온도 상승 함께 작게 된다. avalanche 파괴는 그림5-12에 보이는 것 같이 역방향 전압이 높게 되면 공핍층의 폭도 넓어지지만 공핍층에 가해지는 전계가 강하게 되어 이 전계보다 공핍층 내의 전자는 가속되고 구성 원자에 충돌하여 두개의 전자를 만들고 큰 열 에너지를 얻어 그 에너지가 금지대폭 E_g보다도 커져서 전자-정공 쌍이 생성과 분리를 되풀이하면서 캐리어가 눈사태식으로 불어나 역방향 전류가 급격히 증가하는 파괴 현상이다. 온도 상승과 동시에 캐리어의 산란이 늘어나 이동도가 작아지기 때문에 눈사태 파괴가 일어나기 위해서는 큰 전계가 필요해져서 눈사태 파괴 전압의 값은 온도 상승과 함께 커진다.

5-3 금속-절연체-반도체의 구조

금속(metal)과 반도체(semiconductor)의 사이에 절연물(insulator)을 둔 구조
를 MIS 구조라고 한다. 실용적으로는 아래에 기술하는 transistor의 gate 전극
용의 절연물로서 산화물(oxide)을 쓰는 것이 대부분이고 특히 MOS 구조라
고 한다. 두께 10 nm 이하로 얇은 절연물을 둔 구조에서는 전자가 tunnel 효
과로 절연물 내를 파동적으로 빠져나가 Schottky 장벽의 특성과 다른 pn 접
합과 같은 소수 캐리어의 확산 전류가 흐른다. 여기서는 충분히 두꺼운 절
연물을 둔 구조에 대해서 생각한다.

이러한 MIS 구조는 bias를 인가한 가변 용량 소자와 같이 행동한다. 반도
체와 금속간의 등가적인 용량 C는 산화물 부분의 용량 C_{ox}와 금속의 계면
의 반도체 표면에 만들어지는 공핍층의 용량 C_s의 직렬 합성 용량,

$$1/C = 1/C_{ox} + 1/C_s \qquad (5\text{-}32)$$

가 된다. pn 접합의 장벽 용량과 같이 공핍층의 용량 에너지 대는 공핍층에
가한 전압에 의해서 변화한다. 반도체가 n형, p형의 경우에 대해서 금속에
가하는 인가전압과 반도체의 표면 전도형의 관계와 반도체 계면에 만들어지
는 축적층, 공핍층과 반전층(inversion)의 모양을 그림5-13에 보이고 있다.

금속과 반도체의 사이에 절연물을 끼웠을 뿐 반도체 측의 에너지 대는 flat
band를 만든다. 반도체가 n 형의 경우에 금속 측에 양의 전압(V > 0)을 인가
하면 그림5-13(V> 0)의 band 구조를 보이는 것 같이 반도체계면에 음의 전하
가 가까이 당겨지기 때문에 반도체 표면에 전자의 축적층(accumulation layer)
이 형성되고 축적층의 두께가 얇기 때문에 축적층의 용량이 증대하는 결과
로부터 MOS 구조의 용량은 거의 산화물 용량 C_{ox}의 일정 값에 가까이 간
다(그림5-14). 더욱 큰 전압을 가하면 절연 파괴가 일어난다. 한편, 금속 측
에 음의 전압(V<0)을 가하면 반도체 표면 부근의 전자가 n 형 반도체 내부
쪽으로 가까이 당겨지고 표면에 공핍층(depletion layer)이 형성된다. 이 때의

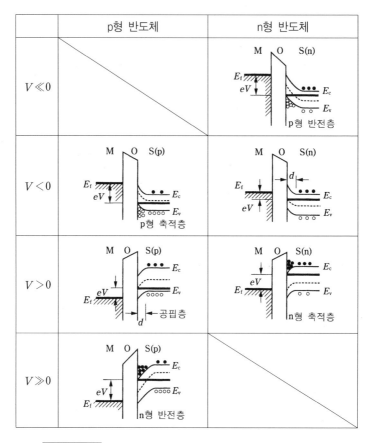

그림 5-13 이상적인 MOS 구조의 여러 가지 band 구조

공핍층에는 전하 $Q_s = -edN_d$(d:공핍층의 넓이, N_d : donor 밀도)를 만든다. 금속에 가하는 음의 전압이 커지면 그림5-13($V \ll 0$)과 같이 공핍층 폭이 늘어 반도체의 에너지 대의 굴곡이 커져서 가전자대가 Fermi 준위에 가까이 가고 반도체 표면 부근의 정공이 급격히 불어나 p형의 반전층(inversion layer)이 형성된다. 이 때 공핍층 폭은 최대가 되어 일정치에 가까이 간다. 표면에 유도된 정공이 인가 전압에 의해서 재차 직류 용량이 증대한다. 그러나, 고주파 pulse 특성의 전체 용량은 작게 된다(그림5-14(a)).

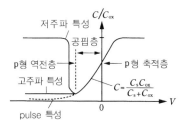

(a) 금속–산화물–n형 반도체의 경우

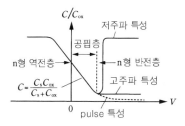

(b) 금속–산화물–p형 반도체의 경우

그림 5-14 MOS 구조의 용량–전압 특성

반도체가 p형의 경우에 금속 측에 양의 전압($V > 0$)을 인가하면 반대로 정공이 p 형 반도체 내부에 가까이 당겨지고 표면에 자유 정공이 없는 영역의 공핍층이 형성된다. 금속에 가하는 양의 전압이 커지면 그림5-13($V \gg 0$)과 같이 공핍층 두께가 늘어 반도체의 에너지 대의 굴곡이 커져서 전도대가 Fermi 준위에 가까이 가 반도체 표면 부근의 전자가 급격히 불어나 n형의 반전층이 형성된다. 이 경우도 저주파 용량은 크지만 고주파 용량은 작게 된다(그림5-14(b)). 한편, 금속 측에 음의 전압을 가하면 그림5-13($V < 0$)에 보이는 것 같이 반도체 내에 양의 전하가 가까이 당겨지기 때문에 반도체 표면에 정공의 축적층이 형성되고 축적층의 두께가 얇기 때문에 축적층의 용량이 증대하는 결과로 MOS 구조의 용량은 거의 산화물 용량 C_{ox}의 일정 값에 가까이 간다. 더욱 큰 전압을 가하면 절연 파괴가 일어난다. p형 반도체의 경우에 인가 전압의 극성에 의한 표면 전도형은 n형의 경우와 비교하여 정반대가 된다.

이상은 이상적인 MOS 구조에 관한 것이지만 실제의 MOS 구조에서는 SiO_2 같은 산화물 내의 전하(Na^+ 이온등) 금속과 반도체의 접촉 전위차나 표면 준위 등에 의해 인가 전압이 zero의 상태라도 에너지 대는 반도체 표면에 전자가 유도되기 때문에 평탄하게 되지 않고 굽어 있어 표면까지 평탄(flat band)하게 하는 V_{FB}의 전압이 필요하고 이것은 후에 기술하는 MOS transistor의 문턱치 전압 V_{TH}에 관련되어 있다.

5-4 반도체의 광전 현상과 발광 현상

전 절까지는 반도체에 전압을 인가하였을 때의 전도 현상을 취급하였지만 전압 대신에 광을 반도체에 조사하였을 때에 일어나는 광전 현상이나 발광 현상의 기구에 대해서 기술한다.

반도체에 광을 조사하여 광 흡수가 일어나면 전자가 도전대에 여기되고 정공이 가전자대에 여기되어 광전현상이 생긴다. 이 광전 현상에는 광 에너지를 흡수하고 반도체의 전도율의 증가하는 광전도 효과, 반도체의 양끝에 기전력을 발생시키는 광발전 효과 및 광 이외의 에너지를 흡수하고 반도체로부터 광으로 방사하는 luminescence 현상의 세개가 있다. 더욱이 전자의 분포가 다른 여기상태와 기저상태의 두 준위 사이의 기본적인 광학 천이에 의한 유도 흡수 및 자연 방출, 유도 방출에 의한 발광 현상에 대해서도 학습한다.

그림5-15에 보이는 것 같이 단면적 S, 길이 l의 반도체의 양끝의 전극 사이에 전압 V를 가하면 광이 비춰지고 있지 않은 반도체에 암전류가 흐른다. 그 크기는,

$$I_d = S \cdot \sigma_d(V/l) \tag{5-33}$$

로 주어진다. 여기서, 암전도율 $\sigma_d = e(n_d \mu_n + p_d \mu_p)$, 캐리어 n, p의 이동도 μ_n, μ_p이다. 이 반도체에 광을 조사하면 광전도 효과(photoconductive effect)가 일어난다. 이 광 조사에 의해 band gap 사이에 전자－정공 쌍이 생성되어 전계 F가 생겨서 전자는 양전극으로, 정공은 음전극으로 이동하여 전도율이 증가한다. 이것을 진성 광전도 효과라 한다. 또 하나는 비교적 장파장의 광을 흡수하여 불순물·격자 결함에 의한 donor형의 trap 준위로부터 전자를 전도대에, 또는 acceptor형의 trap준위로부터 정공을 가전자대에 여기함으로서 전도율의 증가하는 것이 있다. 이것을 외인형 광전도 효과라고 한다. 이러한 현상을 보이는 광 전도체의 성능을 나타내는 감도 G는 소자 길이 l과 캐리어 이동도 μ로 $G = \tau\mu(F/l) = \tau/\tau_d$로 주어진다. 이것은 평균 drift 시간 τ_d와 캐리어의 수명 τ에 의존하고 τ는 trap의 존재 등에 현저하게 영향을 받는다.

그리고 반도체에 광을 조사하면 기전력이 생기는 광발전 효과(photovoltanic effect)가 일어난다. 이것에는 반도체 내에 내부 전계가 없는 경우와 있는 경우가 있다. 전자의 경우는 그림5-16과 같이 광을 조사하면 조사 전극 측에 정공이 쌓이고 대향 전극 측에 전자가 모이기 때문에 전극 사이에 전계를 발생시켜 외부에 기전력을 준다. 이것을 Dember 효과라고 한다. 후자의 경우는 pn접합, Schottky 장벽, 또는 hetero 접합에 의해서 반도체 내에 미리 내부 전계가 형성되어 있기 때문에 그림5-17과 같이 광을 조사하면 전자-정공 쌍이 그 내부 전계에 의해서 분리되어 전계의 방향으로 전자는 n측의 ($-$)전극 측에, 정공은 p측의($+$)전극 측에 모여 외부에 광기전력을 낸다. 이것은 태양 전지의 원리이다.

또한, 반도체는 흡수한 에너지를 광으로서 방사하는 현상이 있다. 그 방사

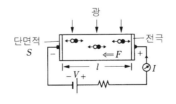

그림 5-15 진성광전도 효과의 원리

현상 중에서도 주된 현상은 luminescence이다. 여기 에너지에 대하여 순간으로 발광이 끝나는 현상을 형광이라고 하고 발광이 오래 지속하는 현상을 인광이라고 부른다. 반도체에 에너지가 전계에 의해 공급되는 것을 전계 luminescence(electroluminescence, EL)라고 하고 진성 EL과 주입 EL이 있다. 진성 EL은 donor로서 Ga^{3+} 또는 acceptor로서 Cu^+의 불순물을 도입한 II-VI족 화합물 반도체 ZnS 등에서 관측된다. 이것은 반도체가 금지대 폭(band gap) E_g를 넘는 에너지 $h\nu$를 흡수하면 전자가 쌍 생성을 이뤄 반도체의 가전자대 E_v로 부터 전도대 E_c로 여기되고 다시 그 전자가 정공과 재결합할 때에 E_g에 해당하는 파장의 EL을 발생하지만 불순물이 반도체에 도입되어 있는 경우라도 전도대 E_c로부터 전자가 두 밴드 사이에 있는 donor 준위에 trap될 때에 E_g보다도 장파장의 EL을 발생한다. 한편, 주입 EL은 반도체의 pn 접합에서 관측된다. 그림5-7에 보이는 pn 접합에 순방향의 전압(n형에 음전위, p형에 양전위)을 가하면 전위 장벽이 낮게 되어 전자는 p측으로, 정공은 n측으로 소수 캐리어가 주입되기 때문에 전자와 정공의 재결합이 생긴다. 이 결합에 의해서 전자는 band gap E_g와 거의 같은 량의 에너지를 방출한다. 이 에너지 E가 전부 광으로 변환될 때에 그 주파수 ν가 $\nu = E/h$에 해당하는 발광이 일어난다. 이것이 주입 EL 이다.

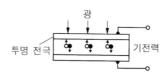

그림 5-16 내부 전계가 없는 경우의 광기전 효과(Dember 효과)

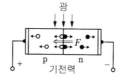

그림 5-17 내부 전계가 있는 경우의 광기전 효과(태양전지의 원리)

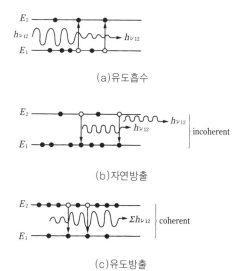

(a)유도흡수

(b)자연방출

(c)유도방출

<u>그림 5-18</u> 두 개의 에너지 준위 E_1, E_2 간의 두 개의 기본천이과정
($파장\ \lambda = 1.24/h\nu$[eV], [λm])

　전자의 분포가 다른 여기 상태와 기저 상태의 두개의 준위 E_1과 E_2로 이루어지는 계($E_1 < E_2$)를 갖는 반도체에서는 그림5-18에 보이는 것 같이 광을 흡수하거나 광을 방출하기도 하는 현상이 일어난다. 우선 주파수 $\nu_{12} = (E_2 - E_1)/h$에 해당하는 광이 이 계에 입사한 경우에는 준위1에 있는 전자는 준위2로 천이하고 이 과정에서 photon이 흡수되어 입사광의 강도는 감쇄된다. 이것을 유도흡수(stimulated absorption)라고 한다. 그리고, 준위2에 여기된 전자가 준위2로부터 준위1로 천이하는 과정에서는 입사광이 없더라도 주파수 ν_{12}의 photon이 방출된다. 이것은 입사광에 완전히 무관한 incoherent한 광이기 때문에 이것을 자연방출(spontaneous emission)라고 한다. 오늘날 표시 device로 널리 쓰이고 있는 발광 diode(light emitting diode; LED)는 이 자연 방출을 응용한 것이다. 광 pumping에 의해 준위2에 여기된 전자의 밀도 N_2가 준위1의 전자밀도 N_1보다 많게되는 비평형의 반전 분포의 상태를 만들면,

$$T = (-)(E_2 - E_1)/\{k_B \ln(N_2/N_1)\} < 0 \qquad (5\text{-}34)$$

라는 음 온도의 상태가 형성되어 주파수 ν_{12}의 광의 입사에 의해 준위2로부터 준위1로 천이가 생겨서 에너지 $h\nu_{12}$에 해당하는 photon이 방출되고 그 결과로 방출광의 강도는 입사광의 강도보다 증폭된다. 이 때 유도 천이가 입사광의 강도에 비례하고 위상이 갖추어진 coherent한 광을 방출하기 때문에 이것을 유도방출(stimulated emission)라고 한다. 입사광에 유도되어 강한 광 출력을 방출하는 laser(light amplification by stimulated emission of radiation)는 이 유도 방출을 응용한 것이다. 이와 같이 laser diode는 pn 접합에 순방향으로 큰 전류를 흘려 다량의 소수 캐리어를 주입함으로써 반전 분포를 생기게 하고 유도 방출로 증폭된 가간섭광(coherent light)을 발산하는 device이다.

지금까지 위에서 말한 자연 방출, 유도 흡수 및 유도 방출의 천이 확률을 P_{21}, Q_{12}, Q_{21}으로 하면 다음과 같은 Einstein의 관계가 성립한다.

$$P_{21} = 8\pi h(\nu_{12}/c)^3 Q_{21} \text{ 및 } Q_{12} = Q_{21} \qquad (5\text{-}35)$$

식(4-65)으로 부터 분명히 자연 방출의 천이 확률은 유도 방출의 천이 확률에 비례하고 유도 방출과 유도 흡수의 천이 확률은 같은 것을 보이고 있다. 이것으로부터 발광 효율이 높은 발광 diode를 얻기 위해서는 천이 확률이 큰 직접 천이 반도체 GaAs나 InAs 등을 쓰는 것이 바람직한 것을 보이고 있다.

발광 diode나 반도체 laser의 구체적인 재료에 대해서는 제10장의 III-V족 화합물 반도체를 참조하라.

POINT

1 반도체와 금속을 접촉시키면 일 함수가 다른 금속과 반도체의 양쪽 Fermi 준위가 같도록 전하의 재배열이 행하여지기 때문에 반도체의 전도형이 단지 n형이나 p형에 의해 또는, 금속의 일함수의 대소에 의해 접촉 계면에서의 전류가 흐르는 방법이 다르고, 전류-전압 특성에 Ohmic인 직선 특성과 Schottky장벽에 의한 정류 특성의 두개의 경우가 있다. 이것은 반도체의 전극 형성에 중요한 특성이다. 양의 전압을 금속측에 인가하는 경우를 순방향 bias라고 한다(그림5-2).

2 acceptor와 donor의 불순물을 반도체에 doping하여 pn 접합을 형성하면 p형과 n 형의 Fermi 준위가 같도록 전하의 재배열이 일어나고 평형에 도달하면 band 구조의 bending이 확산 전위 V_d만큼 일어나고 접합부의 양쪽에 acceptor 이온과 donor 이온이 전기 이중층을 형성하고 캐리어가 적은 공핍층이 만들어진다(그림5-6).

3 양의 전압을 pn 접합의 p측(순방향 bias) 혹은 n측(역방향 bias)에 인가하는 것에 의해 공핍층을 좁게 하거나 확대할 수 있기 때문에 공핍층 용량을 인가 전압으로 제어할 수 있다(그림5-7). 실제의 pn 접합의 공핍층 용량은 계단 접합 근사와 경사 접합 근사의 용량 사이에 있다.

4 이상적인 pn 접합에 가하는 인가 전압 V 의 양, 음에 의해서 접합 전체에 흐르는 전류의 크기는 접합 면적으로 나눈 전류 밀도 J로 $J = J_0[(\exp(qV/k_BT)-1]$에 의존하고 크게 변하는 정류 특성을 보인다. 여기서, J_0는 포화 전류 밀도이다. $(qV/k_BT) > 10$이상의 순방향 전압과 동시에 접합 전류 밀도가 붙어나 이상적인 특성으로부터 벗어난다(그림5-9). pn 접합에 역방향 전압을 가하여 pn 접합 내의 전계 강도가 10^5 V/cm이 되면 역방향 전류가 급격히 증가하여 절연 파괴가 일어난다.

5 금속-절연체-반도체(MIS) 구조의 반도체 계면에는 금속에 가하는 양, 음의 인가 전압의 크기와 반도체 기판의 p형과 n형의 표면 전도형에 의해, 축적층, 공핍층과 반전층이 형성된다. 절연체 대신에 Si의 산화물을 쓴 MOS 구조의 반도체 계면에서의 p→n 또는 n→p의 반전층의 형

성을 이용하여 n channel MOS 또는 p channel MOS transistor가 만들어
진다(그림5-13).

6 반도체에 광을 조사하면 광 흡수가 일어나며 전자가 전도대에 정공이
가전자대에 여기되어 광전 현상이 생긴다. 이 광전 현상에는 광의 에너
지를 흡수하여 반도체의 전도율이 증가하는 광전도 효과, 반도체의 양
단에 기전력을 발생시키는 광발전 효과 및 반도체 표면에서의 광전자
방출 효과등 세개가 있다. 또한, 반도체가 흡수한 에너지를 광으로 방
출하는 현상이 있다. 특히, 에너지가 반도체에 전계에 의해 공급되는
발광현상을 electro-luminescence라고 한다.

7 전자 분포가 다른 여기상태 E_2 와 기저상태 E_1 의 두 준위 사이를 갖는
반도체에 있어서 광을 흡수하거나 광을 방출하기도 하는 현상이 일어
난다. 입사광이 흡수되어 광 강도가 감소하는 현상을 유도 흡수라고 한
다. 입사광에 관계가 없이 주파수 ν_{12} 의 광을 방출하는 현상을 자연 방
출이라고 하고 표시 device로서 널리 쓰이고 있는 발광 diode는 이것을
응용한 것이다. 광 pumping에 의해 여기 상태의 전자 밀도가 더 많은
반전분포가 형성되면 주파수 ν_{12} 의 coherent한 광이 입사광의 강도보다
증폭되어 방출하는 현상을 유도 방출이라고 하고 laser diode는 이것을
이용한 것이다(그림5-18).

[연습문제]

1) 금속- p형 반도체의 접촉 및 금속-절연체-p형 반도체의 접촉의 경우 평
형상태의 에너지대 구조를 그려라.

2. 실온에서 열 평형 상태에 있는 Si 계단 pn 접합이 있다. 불순물 밀도 N_a
= 10^{21}cm^{-3}, N_d = 10^{16}cm^{-3}인 pn 접합의 공핍층의 두께 d를 구하라. 단
Si의 비유전율 ε_s = 11.8, 진성캐리어 밀도 n_i = 1.5×10^{10}cm^{-3}으로 한다.

③ 역포화 전류가 10 μA의 pn 접합에 실온으로 0.13 V의 순방향 bias를 가하 였을 때에 흐르는 순방향 전류의 크기를 구하라.

④ 확산 전위가 0.8 V에서 접합면적이 1.0mm^{2}의 Si의 pn 접합에 역방향 bias 5V를 가하였을 때에 공핍층이 두께 및 접합 용량을 계단 접합 근사에 의 해 구하라. 단, Si의 불순물 밀도 $N_a = 10^{16}$cm^{-3}, $N_d = 10^{13}$cm^{-3}, Si의 비 유전율은 11.8로 한다.

⑤ 반도체에 광을 조사하였을 때 생기는 광의 흡수 및 방출 현상에 대해서 에너지대 그림을 그리고 설명하라.

- 반도체의 band 구조 -

반도체란 우선 $10^{-4} \sim 10^{10} \, \Omega \, cm$의 범위의 전기 저항률을 갖는 것, 그리고 전기 저항의 온도 계수가 음인 것, 전기 저항의 값이 불순물로 크게 변화할 수 있는 것, 마지막으로 전기 저항이 전류·전압·열·광·자기 등의 외적 자극에 의해서 변화할 수 있는 것이다. 이 중에 적어도 하나를 만족하는 것이 반도체이다. 처음에는 도체나 절연체와의 상이점을 이론적으로 설명할 수가 없었다. 간단히 도식적으로 설명할 수 있도록 된 것은 에너지대 (band) 구조의 생각이 도입되고 나서이다.

band 구조는 결정내 전자의 양자상태의 에너지 준위의 구조를 나타내고 있고 즉 각각의 값을 나타내는 양자수 n 와 어떤 범위에서 연속적인 값을 나타내는 운동량 hk의 두 개의 변수로 주어지는 에너지 준위 E_{nk}의 구조이다. 따라서 실제의 반도체의 band 구조는 $E-k$ 곡선으로 주어진다. 간접 천이에 의한 발광 현상이나 캐리어 밀도가 변화하는 전자 현상 이외에 많은 경우 전자가 존재할 수 없는 금지대를 넣어 전자 현상에 관여하는 전도대의 하단과 원자 사이의 결합을 갖는 가전자대의 위단 두개만으로 반도체의 band 구조를 간단히 나타낼 수 있게 되었다. 통상의 설명에는 이것을 쓰고 있다.

이와 같이 반도체의 전자의 거동을 간단한 band 구조로 이해할 수 있도록 한 덕분으로, 에너지대가 다른 계면을 외부 자극의 신호만으로 공업적으로 제어할 수 있어서 오늘의 IT 혁명의 견인차가 될 정도로 반도체 device의 개발이 비약적으로 진행되었다고 하여도 과언이 아니다.

6. Si 반도체와 단체 device

LSI 등으로 대표되는 반도체 device는 주로 Si 결정 반도체 기판(wafer)을 써서 제조되고 있다. 그 이유는 Si wafer는 고순도, 전기 특성, 안정성, 가공성이나 양산성등의 점에서 대단히 우수하기 때문이다. 현재 세계의 생산 매수는 연간 1억장을 넘고 있고 그 70%가 일본에서 생산되고 있다. 또한, Si 반도체를 쓴 단체 device로서 pn 접합을 기본 요소로 하는 bipolar형 device와 MOS형 device가 있다. 그들의 주된 device는 2단자의 diode와 3단자의 transistor이다. 이 장에서는 우선 Si wafer의 제조 방법, 전기적 성질이나 결정 결함, epitaxial wafer 및 SOI wafer(silicon-on-insulator)의 제조법에 대해서 배운 뒤에 대표적인 단체 device인 diode및 transistor의 기본 구조에 대해서 학습한다.

6-1 결정 성장과 평가

6-1-1 단결정의 성장

Si 단결정 wafer는 금속급 Si의 고순도화와 단결정 Si의 성장 및 wafer 가공의 공정을 거쳐 제조되고 있다. Si 원료인 금속급 Si는 규석과 탄소의 고온에서의 환원 반응에 의해 제조되고 그 순도는 98%으로 Al 및 Fe 합금용으로 사용되고 있다. 반도체용 Si를 제조하기 위해서 이 Si 원료를 분쇄하여 다음 식에 의한 HCl과의 반응으로 염화 silane를 생성한다.

$$Si + 3HCl \rightarrow SiHCl_3 + H_2' \tag{6-1}$$

실제의 염화 반응은 그림6-1에 보인 유동상화로에서 행하여져 3염화 silane 외에 4염화 silane 등 각종의 silane 화합물이나 Fe 등의 염화 화합물이 형성된다.

그리고, 정제탑을 써서 3염화 silane만을 분리하고 반응화로에 보내어 H_2와의 환원 반응을 통하여 Si 축 상에 고순도 다결정 Si를 석출시킨다. 이 환원 반응은 식(6-1)의 역반응으로 Si 축에 직접 통전하여 1100℃에서 가열하여 약 300 시간 동안 지름 20 cm의 다결정 Si 막대가 제조된다. 이 고순도화법을 Siemens법이라고 부르고 포함되는 불순물 농도는 ppb(10^{-9}, 10억분의 1) level로 대단히 높은 순도의 Si가 만들어진다.

이 고순도 다결정 Si를 써서 인상법(引上法, Czochralski, CZ)로 단결정 Si가 제조되고 있다. 그 장치를 그림6-2에 보인다. 고순도 Si 원료를 석영 도가니에 넣어 약 1420℃의 고온으로 용해하고 그 용해액에 Si 종 결정을 붙여 단결정을 인상한다. 그 때의 온도 제어 정밀도는 0.01%의 높은 정밀도로 유지하고 인상속도는 약 1mm/min이다. 단결정 인상에서의 point는 종 결정을

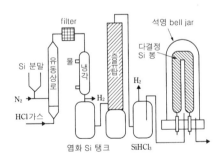

그림 6-1 지멘스 법에 의한 고순도 다결정 Si의 제조 공정

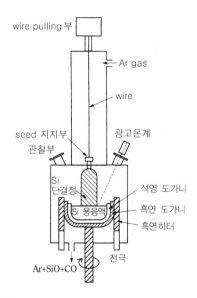

그림 6-2　Czochralski 법에 의한 Si 단결정의 제조 공정

한번 가늘게 하고 나서(necking라 한다) 서서히 원하는 지름으로 만들고 이 때의 분위기는 argon gas를 흘려 제어한다. 전자의 necking에 의해 종 결정에 포함되어 있는 전위(dislocation)가 성장에 이어지지 않고 무전위 결정을 제조할 수 있다. 또한 분위기에서의 과제는 석영 도가니 재료인 SiO_2와 Si 용해액과의 반응으로 생긴 SiO gas가 성장 중의 결정에 부착하거나 흑연 도가니와 반응하여 CO가 발생하는 것을 막는 것이다. 그 때문에 상부로부터 주입한 argon gas로 성장 도중의 결정을 감싸서 발생하는 SiO나 CO gas에 닿지 않도록 하는 것이 중요하다. 또한, 결정을 tungsten선으로 치켜올리는 것도 공업적으로는 중요한 기술로서 공기의 leak 감소, 내진성의 향상이나 장치의 소형화에 공헌하였다.

CZ 단결정의 지름은 15 및 20 cm가 주류이다. 그러나, LSI의 chip 크기가 커지고 cost 증가가 우려되고 있다. cost 저감을 위해 30~40 cm의 대지름 결정의 기술 개발이 추진되고 있다. 이 거대한 Si 단결정을 제조하기 위해서는

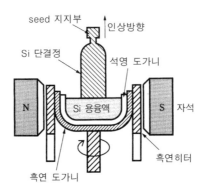

seed 지지부 / 인상방향
Si 단결정 / 석영 도가니
N / Si 용융액 / S / 자석
흑연히터
흑연 도가니

그림 6-3 자계인가 Czochralski법에의한 Si 단결정의 제조

종래의 CZ 기술로서는 대응할 수 없고 MCZ(magnetic field applied Czochralski) 법이라는 새로운 인상 기술이 검토되고 있다. MCZ법은 그림6-3에 보인 것 같이 자계 아래에서 결정 성장을 하는 기술로서 자계에 의해 용융액의 대류 가 제어되고 저산소 농도의 CZ 단결정을 제조할 수 있다. 또한, MCZ에서는 용융액 면의 움직임이 안정하기 때문에 대지름의 CZ 인상에도 알맞고 장래 의 기본적인 성장 기술이 될 것으로 기대되고 있다.

6-1-2 불순물의 편석

Si wafer를 써서 device를 제조하기 위해서는 p또는 n의 전도형, 저항률이 나 결정면 지수를 정하지 않으면 안 된다. 그 때문에 결정 성장 시에 그들의 제어가 필요해진다. 저항률은 주로 용융액에 첨가하는 불순물량과 인상 조 건으로 제어된다. p형 불순물로서는 B, Ga나 Al이 있고 n형 불순물로서는 P, As나 Sb 등이 있다. 이것들의 각종 불순물 원자의 Si 결정 내에서의 용해도 를 그림6-4에 보인다. As, P나 B는 10^{21}cm^{-3}의 고농도로 녹아 저저항층을 만 드는 중요한 n 및 p 형 불순물이다. Au와 Fe의 고용도(固容渡)는 10^{16}cm^{-3} 정도로 작지만 생성한 소수 캐리어를 포획하는 유해한 불순물이 된다. 고용 도는 온도가 높게 되면 커져서 최대가 되고 그 이상의 고온에서는 감소한다.

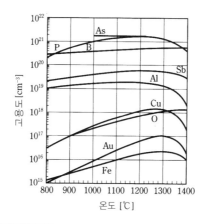

그림 6-4   Si 결정 내의 불순물의 고용도

불순물이 고용도까지 포함된 뒤 Si 결정이 저온이 되면 그 용해도가 내려가기 때문에 평형을 유지하기 위해서 불순물은 석출하여 불순물의 덩어리로 이루어지는 결정 결함을 만든다. 결정을 인상할 때에 용융액 내의 불순물 농도를 C_L[개/cm^3]으로 하면 결정 내에 포함되는 불순물 농도는 다음 식으로 표시된다.

표 6-1   Si 결정에 관계되는 평형편석 계수

전도형	불순물	평형 편석계수(k_0)
p	B	0.8
p	Al	0.0028
n	Ga	0.008
n	P	0.35
n	As	0.3
n	Sb	0.023
n	O	1.4
n	C	0.07

$$C_s = k_0 \cdot C_L \qquad (6\text{-}2)$$

k_0는 평형 편석 계수라고 부르고 표6-1에 보이는 것 같이 1보다 작다. 이 표로부터 p형 결정을 제조하기 위해서는 불순물로서 B, n형으로서는 P와 As 의 값이 비교적 1에 가까워 결정 전체에 걸쳐 균일한 불순물 농도 분포가 얻어지는 것을 이해할 수 있다. 그러나, k_0가 1보다 작다고 하는 것은 결정 이 성장하는 용융액 내의 불순물량이 증가하면 결정 내의 불순물량이 식 (6-2)에 의해 불어나는 것이 된다. 결정 내의 농도(C_s)와 결정의 고화율 (l) 간의 관계는 식(6-3)으로 표시된다.

$$C_s = k_0 \cdot C_0(1-l)^{k_0-1} \qquad (6\text{-}3)$$

C_0 : 용융액의 초기 농도

실제의 결정 성장에서는 용융액 내의 불순물은 성장 결정 표면 부근에서 농도 기울기를 갖기 때문에 그 농도 기울기층의 두께에 의존한다. 그 두께 는 용융액 내에서의 불순물의 확산 계수나 결정의 성장 속도에 의존하기 때 문에 실효적 편석 계수는 평형치보다 커진다.

6-1-3 산소와 탄소의 농도

Si 결정 내에는 석영 도가니의 SiO_2의 용해로 인하여 $10^{17} \sim 10^{18} cm^{-3}$(약10 ppm)의 산소가 포함되고 있다. 이 산소는 경우에 따라서는 유해하거나 유익 할 수 있다. 산소는 결정 속에서는 격자간 위치에 들어가 CZ 결정의 강도를 증가시켜 고온에서의 device 제조 공정 시의 wafer의 굽음을 막는다. 한편, 산소는 n 형 불순물이 되고 결정의 저항률을 변화시켜서 Si 결정의 생산 수 율을 저하시킨다. 또한, 산소는 열처리 온도에서 복잡한 거동을 보인다. 이 것은 산소 농도 값이 평형 용해도 정도이기 때문에 저온 처리에서는 산소의 석출이 일어나고 고온에서는 반대로 결정으로부터 산소의 증발이 일어나 산 소 농도는 떨어진다. 산소가 결정 내에 석출하면 적층 결함(OSF, Oxidation

Stacking Fault)라는 결함이 관찰되고 MOS device의 산화막 내압을 감소시킨다. 이들의 열처리 조건의 편성으로 표면에 결함이 없는 층을 형성하거나 반대로 의식적으로 석출을 유도하여 유해한 불순물을 포획하는 소위 gettering으로 응용되고 있다.

탄소는 원자가 작기 때문에 Si 격자 위치에 들어가서 격자를 수축시킨다. 탄소의 device에의 악영향에 대해서는 현재는 그다지 문제되고 있지 않지만 이전에는 큰 문제를 야기한 적이 있다. 일반적으로 결정 내에는 $10^{18} \sim 10^{17} \mathrm{cm}^{-3}$ (약 1 ppm) 농도의 탄소가 포함되어 있고 농도가 5 ppm($2 \times 10^{17} \mathrm{cm}^{-3}$)을 넘으면 적층 결함 등이 형성되고 device의 leak 전류의 증대를 야기한다. 탄소는 그림6-2에 보는 것 같이 성장 장치의 고온부에 흑연의 heater나 보온재가 있어서 산소 등의 반응에 의해 생긴 CO를 사이에 두고 결정 내에 들어간다. 따라서, argon 분위기 gas의 흐름을 제어하여 CO가 직접 Si 용융액에 접촉하지 않도록 하여 저감할 수 있다.

6-1-4 중금속의 영향

결정 내에 존재하는 중금속으로서 주가 되는 것은 Fe와 Cu 이다. 특히, Fe는 공정 장치를 구성하는 주된 재료이고 결정 제조 시뿐만 아니라 device 제작 시의 공정에서 wafer면에 오염된다. 최근에는 Si 결정 내의 Fe의 분석 정밀도가 향상되어 유도 plasma 분광법(ICP)으로 10^{12} cm^{-3}(ppb)까지 측정할 수 있게 되었다.

이것에 의해서 결정 제조 시의 다결정 Si 원료의 고순도화에 의한 Fe의 저감 효과의 확인이나 Si wafer면 세정 기술의 개발이 촉진되었다. Fe는 결정 내에 존재하면 깊은 준위를 형성하여 소수 캐리어를 포획하여 life time을 감소시킨다. 특히, 소수 캐리어 life time을 이용하는 bipolar transistor나 태양 전지의 성능을 저하시킨다. Fe 등의 중금속 농도의 저감은 그 확산 계수가 크기 때문에 gettering에 의해 행해진다. gettering은 결정 내에 의식적으로 결함을 만들어 중금속 원자를 포획시킨다. 결함을 만드는 방법으로는 P나 B의

표 6-2 LSI용 Si 단결정 Wafer의 크기 규격

크기	100mm	200mm	300mm
직경[mm]	100±1	200±1	300±1
두께[mm]	0.5-0.55	0.65-0.7	0.7-0.8
Flat 폭[mm]	30-35	55-60	60-70
뒤집힘[μm]	60	60	60
면방위	(100)±1°	(100)±1°	(100)±1°

고농도 확산층을 쓰는 방법, 다결정 Si 내의 결정 결함을 이용하는 방법이나 기계적으로 손상층을 형성하는 방법등이 알려지고 있다.

6-1-5 wafer 가공

LSI device에서는 일부<220> 방향의 평탄부(orientation flat)를 갖는 구형의 엷은 기판, 즉 Si wafer가 사용된다. <220> 방향의 평탄부를 갖는 이유는 그 방향이 Si 결정의 벽개면이고 LSI chip의 절단 적출이 용이하기 때문이다. 대지름 wafer에서는 1개의 평탄부 뿐만 아니라 직각으로 2개를 만드는 경우가 있다. 표6-2에 Si wafer의 규격을 보인다.

표6-2의 wafer를 제작하기 위해서는 인상법 CZ ingot의 외주를 감삭하여 필요한 지름으로 가공한다. 그리고, 평탄부 가공 후 wire saw 등으로 slicing 가공, lapping 가공 및 화학적-기계적 연마를 거쳐서 두께 오차가 1 μm의 거울면 상의 표면 마무리가 행해진다.

6-2 epitaxial 성장

epitaxy라는 단어는 어원이 그리스어 단어이고 "~의 위에 배열한다"라는 의미이다. Si process에서는 Si wafer 위에 저항값 또는 전도형이 다른 단

결정 Si 반도체를 성장시키는 기술이다. process cost는 상승하지만 bipolar integrated circuit에서는 불가결한 공정이다. 또한, MOS LSI의 process에서 장래에 중요하다고 생각된다.

이 epitaxial 성장의 장치를 그림6-5를 보인다. Si wafer 상에 Si를 성장하기 위해서는 성장화로에 4염화 silicon(SiCl$_4$)과 수소를 보내어 다음과 같이 환원 화학반응을 한다.

$$SiCl_4 + 2H_2 \quad \rightarrow \quad Si(고체) + 4HCl \tag{6-4}$$

Si wafer는 고주파 가열로 약 1000℃로 유지된 초고순도 흑연 지지대 위에 놓여 있다. 흑연 지지대는 고주파로 가열되고 석영관은 가열되지 않기 때문에 반응관에는 Si는 석출하지 않는다. 이 반응은 가역적이기 때문에 보다 고온에서는 좌로 진행하여 Si의 etching 반응이 진행한다. 이 etching 반응을 이용하여 우선 Si wafer 표면을 얇게 etching하여 정상적인 표면을 노출시키고 그 후 온도를 내려 epitaxial 성장을 한다.

이 epitaxial 성장과 gas 중의 SiCl$_4$ 농도와의 관계를 그림6-6에 보인다. 성장 속도는 SiCl$_4$의 농도와 동시에 증가하여 최대치에 달한 후 감소하고 더욱 농도를 늘리면 etching 반응이 생긴다. 이 원인은 SiCl$_4$가 Si와 반응하여 etching되기 때문이다. 불순물을 넣은 epitaxial 성장을 위해서는 불순물을 포함하는 gas를 첨가하면 된다. 예를 들면 n 형 epitaxial 성장에서는 포스핀(PH$_3$), p형에서는 다이보레인(B$_2$H$_6$)을 쓴다.

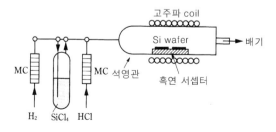

그림 6-5 Si epitaxial 성장 장치의 개략도

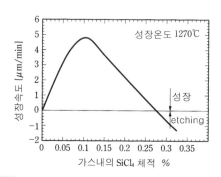

그림 6-6 Si epitaxial 층의 성장 속도와 SiCl₄농도와의 관계

6-3 SOI wafer

차세대 Si wafer로서 SOI가 주목되고 있다. 그 이유는 SOI wafer는 SiO₂ 절연막 위에 Si 단결정 층이 형성되고 있으므로 개개의 device 간의 분리가 용이하고 보다 고집적의 LSI의 제조가 가능하거나 공정의 삭감도 가능하다. 과거에 많은 기술이 개발되었지만 최근에는 SIMOX법, 합착법과 smart cut법의 3종류의 기술이 주목되고 있다.

SIMOX(Separation by implanted oxygen)법에서는 그림6-7에 보이는 것 같이 산소 이온($^{16}O^+$)이온 implantation으로 Si 결정 표면 밑으로 SiO₂의 매몰층을 형성한다. 이 SiO₂ 매몰층의 깊이는 산소 이온의 이온 implantation 에너지로 결정된다. 또한, SiO₂층을 형성하기 위해서 산소 원자 농도로 $4.48 \times 10^{22} cm^{-3}$ 가 필요하므로 다량의 산소 이온을 implant한다. implant한 뒤 만들어진 결정 결함을 회복하기 위해서 약 1400℃의 고온으로 열처리를 한다. 예를 들면, $^{16}O^+$ 이온의 가속 에너지를 150 keV, implant하는 량을 $1.2 \times 10^{18} cm^{-2}$로 한 경우는 약 0.5 μm의 SiO₂층과 그 위에 0.2 μm의 단결정 Si 층이 형성된다.

합착 SOI wafer는 2장의 Si wafer를 접착제 없이 합착한 면을 연마에 의해 얇게 한 것이다. 그 제조 공정을 그림6-8에 보인다. 우선, Si wafer(base wafer)와 산화한 wafer(bond wafer)를 준비하여 실온에서 합착한다. 이 경우

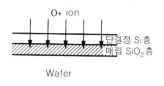

O+ ion
단결정 Si층
매립 SiO₂층

Wafer

그림 6-7 SIMOX법에 의한 SOI 기판의 제작

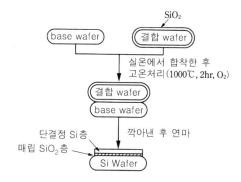

그림 6-8 합착법에 의한 SOI 기판의 제조

는 양자의 wafer의 평탄도가 높으면 용이하게 합착할 수 있다. 산화 wafer의 산화층이 매몰 산화층이 된다. 두개의 wafer 사이의 접착 강도를 높이기 위해서 통상적으로 산소 분위기 중의 $1100\,^{\circ}\mathrm{C}$에서 2시간의 열처리를 한다. 그 후에 연마에 의해 Si 층을 깎아 희망하는 두께의 Si 층을 얻는다. 그러나, 연마만으로는 $1\,\mu\mathrm{m}$ 이하의 균일한 Si 층을 얻는 것은 어렵다. 막 두께를 균일하게 하기 위해서 작은 plasma etching 장치를 써서 부분적으로 etching하는 방법이 개발되어 있다.

최근, 합착 SOI wafer의 저 cost화를 위해서 수소의 약한 파괴를 이용한 smart cut법이 개발되어 SOI wafer의 기본 기술로서 주목을 받고 있다. 이 방법에서는 그림6-9에 보인 것 같이 bond wafer에 미리 수소 이온을 implant한 산화 wafer를 쓴다. 이 wafer와 base wafer를 합착한다.. 그 후에 열처리에 의

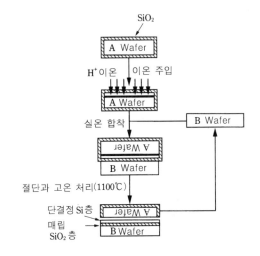

그림 6-9 smart cut 법에의한 SOI 기판의 제작

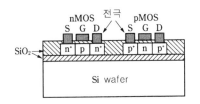

그림 6-10 SOI wafer의 CMOS 트랜지스터 구조

해 수소 이온이 implant된 부분에 약한 파괴가 생겨서 두개의 wafer로 분리 된다. 분리 후에 열처리와 최종 마무리가 행해진다. 이 SOI wafer는 이온 implantation로 형성되기 때문에 Si 박막 층의 균일성은 뛰어나고 또한 base wafer는 다시 recycle되기 때문에 cost-down도 가능하다.

이러한 SOI wafer를 쓰면 SiO_2 절연막으로 완전히 분리된 device를 만드는 것이 가능해진다. 그림6-10은 그 일례로서 SiO_2 절연막 위에 nMOS와 pMOS transistor로 구성되는 CMOS transistor(Complementary MOS)가 만들어지고 있 다. 이 구조로 소자 사이의 완전 분리가 실현되고 Si 층의 박막화에 의한 초 미세 가공도 가능해지고 차세대 device용 wafer로 기대되고 있다.

6-4 Bipolar device

Si 결정 wafer를 이용하여 제작하는 device는 대별하여 1개의 diode나 transistor로 이루어지는 단체 device(discrete devices) 및 이것들을 집적한 LSI device가 있다. LSI 에 대해서는 제8장에서 기술하기 때문에 이 장에서는 Si 단체 device에 대하여 소개한다. 전자 및 정공의 흐름이 device 특성을 좌우 하는 것이 bipolar device이고 pn 접합이 기본적 구성 요소이다. 그 device에 는 diode, transistor나 thyristor 등이 있다.

(i) pn diode

diode의 기본적 구조는 5-2절에서 취급한 pn 접합이고 p 형 또는 n 형 Si wafer에 반대 전도형의 불순물을 확산한 n^+p 형 또는 p^+n 형 구조이다. 그 전형적인 전류-전압 특성은 그림6-11에 보인 것 같이 정류 특성(rectification) 을 갖는다. 접합에 대하여 순방향 bias(forward bias)를 인가하면 약 0.5 V에 서 급격히 전류가 흐른다. 한편, 역방향(reverse)으로 전압을 가하면 전류는 거의 흐르지 않고 항복 전압(breakdown voltage)을 넘으면 급격한 전류의 증 가가 있다. 항복 전압은 사용하는 Si wafer의 doping 농도에 의존한다. p^+n 접 합의 경우에는 n 형 wafer의 doping 농도가 10^{16}cm^{-3}때 항복 전압은 약 50V,

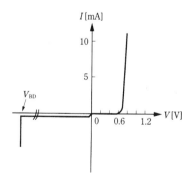

그림 6-11 pn 다이오드의 I-V 특성

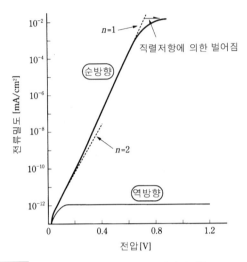

그림 6-12 pn diode의 전류 밀도-전압특성(semi-lig plot)

10^{15}cm^{-3}에서는 300 V, 10^{14}cm^{-3}에서는 2000V가 된다.

이상적인 diode의 전류밀도 [A/ cm^2] - 전압[V] 특성은 다음 식으로 표시된다.

$$J = J_0 \left\{ \exp\left(\frac{qV}{k_{\text{B}}T} \right) - 1 \right\} \tag{6-5}$$

J_0는 역방향 포화전류 밀도이다. J_0는

$$J_0 = q n_i^2 \left(\frac{D_{\text{n}}}{L_{\text{n}} N_{\text{A}}} + \frac{D_{\text{p}}}{L_{\text{p}} N_{\text{p}}} \right) \tag{6-6}$$

이다. D_{n}와 L_{n}은 p형 층으로 확산한 전자의 확산 계수와 확산 길이이다. 식(6-5)의 특성을 semi-log로 plot한 것이 그림6-12이다. 순방향은 직선적인 특성으로 온도300 K에서는 전압 60 mV 증가마다 전류는 10배 증가한다.

그러나, 실제로 제작한 diode의 특성은 접합부나 주변부의 결함으로 누설전류(leak current)가 흐르거나 저항 성분이 존재하여 식(6-5)으로 기술한 특성보다 나쁘다. 그 특성은 다음식으로 표시된다.

$$J = J_0 \left[\exp\left\{ \frac{q(V - J \cdot R_s)}{nk_B T} \right\} - 1 \right] + \frac{V - J \cdot R_s}{R_{sh}} \tag{6-7}$$

여기서, n는 diode 인자, R_s는 직렬저항 $[\Omega \cdot cm^2]$, R_{sh}는 누설전류에 관여하는 병렬 저항 $[\Omega \cdot cm^2]$이다. n는 통상 1~2이고 pn 접합에서의 확산 전류가 지배적인 식(6-5)의 경우는 n는 1이고 재결합 전류가 지배적인 경우는 2가 된다. 일반적으로 $n = 2$의 특성은 낮은 순방향 전압으로 보이고 전압이 증가하면 $n = 1$의 특성에 가까이 간다.

이미, 제5장에서 보인 것 같이 pn diode의 p및 n형 중성 영역에서의 band의 굽기, 즉 정전 포텐셜 차는 내장 전위 V_{bi}(build-in potential) 또는 확산 전위 (diffusion potential)라고 부른다. p및 n형 층의 doping 농도 N_A를 및 N_D라고 하면

$$V_{bi} = \frac{k_B T}{q} \ln \frac{N_A N_D}{n_i^2} \tag{6-8}$$

이 된다. 또한, 접합부의 캐리어가 존재하지 않은 공핍 영역의 폭은 절연막의 비유전율을 K로 하면

$$W = \sqrt{\frac{2K\varepsilon_0}{q}\left(\frac{N_A + N_D}{N_A N_D}\right) V_{bi}} \tag{6-9}$$

이다. 한쪽 계단 접합으로 농도가 낮은 반도체 층의 doping 농도를 N_B로 하면 공핍층에서의 공간전하는 $Q = qN_B W$이기 때문에 전압 V을 가하였을 때의 접합 용량은

$$C_j = \frac{K\varepsilon_0}{W} = \frac{dQ}{dV} = \sqrt{\frac{K\varepsilon_0 N_B}{2q(V_{bi} - V)}} \tag{6-10}$$

또는,

$$\frac{1}{C_j^2} = \frac{2(V_{bi} - V)}{qK\varepsilon_0 N_B} \tag{6-11}$$

이 된다. 이 식의 측정 데이타를 $\dfrac{1}{C_i^2}$과 V의 관계로 plot하면 횡축의 절편으로부터 V_{bi}, 기울기로부터 N_B이 얻어지는 것을 알 수 있다.

diode는 전기 회로에서 교류를 직류로 변환하는 정류나 switch로서의 응용뿐만 아니라 bipolar transistor나 thyristor의 기본 구조로 되어있다. 정류 응용에서는 μA에서 수천 A까지의 넓은 전류 범위에서 사용되고 있다. 특히, power용으로는 3000 A에서 5000 V의 정류 diode가 제조되고 있다. 대전류화는 대구경 Si wafer의 채용으로 가능하게 되었다. 고전압화는 고저항의 FZ 결정의 채용과 pn 접합 주변부에서의 누설 전류의 저하로 실현되었다. 이 누설 전류의 저하를 위해 pn 접합의 경사 가공(bevel 연마)나 표면의 passivation 처리를 한다.

pn 접합을 형성하는 p및 n형 층을 고농도로 하여 $p^+ n^+$형 diode를 제작하면 항복전압이 내려가고 더욱 농도를 증가시키면 음성 저항이 나타난다. 전자는 Zener diode가 되고 후자는 Esaki diode가 된다.

(ii) bipolar transistor

bipolar transistor는 switch 및 증폭 작용을 하는 3단자 device이고 1957년 Shockley-Brattain-Bardeen에 의해 발명되었다. transistor는 transfer resistor의 약자로서 처음으로 실현된 고체 증폭기이다. transistor에는 bipolar transistor와 전계효과 transistor(FET; Field Effect Transistor)가 있다. bipolar형이란 2극성, 즉 전자와 정공의 양쪽이 관여하는 device이고 FET은 전자 또는 정공의 어느 쪽이든지 한편만 관여하기 때문에 unipolar transistor라고 부른다.

bipolar transistor에는 npn과 pnp가 있지만 npn transistor의 단면 구조를 그림 6-13(a)에, emitter 접지형 회로를 그림6-13(b)에 보인다. emitter 접지형에서는 신호의 증폭을 할 수 있다. npn transistor는 base, emitter와 collector의 3단자로 이루어지고 emitter로부터 전자가 base로 흐르고 base로부터 collector에 전자가 흐른다. 전기 공학에서는 정전류를 취급하기 때문에 전기는 반대로 collector로부터 base, base로부터 emitter에 흐른다. emitter로부터 base로의 전자 전류는 base · emitter 사이에 순방향 전압을 가하는 것으로 제어된다. bipolar

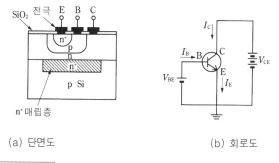

(a) 단면도   (b) 회로도

그림 6-13 npn bipolar transistor의 단면도와 회로도

transistor의 회로 구성상 4단자 회로로 구성하기 때문에 세 전극 중 어느 한 편을 공통으로 쓴다. 공통 전극의 선택 방법에 의해서 emitter 접지(common emitter), collector 접지(common collector) 및 base 접지(common base)의 세 개가 있다.

그림6-13(b)에 보인 transistor는 증폭 작용을 보이는 emitter 접지형 회로이다. emitter 전류, base 전류와 collector 전류의 사이에는 다음의 관계식이 성립한다.

$$I_E = I_B + I_C \tag{6-12}$$

이 npn transistor의 collector 전류(I_c)와 collector · emitter사이의 전압(V_{CE}) 특성을 그림6-14에 보인다.

base 전류(I_B)가 0일 때에 collector 전류는 0으로 transistor는 OFF 상태이다. 또한, emitter 접합 및 collector 접합이 함께 순 bias의 때는 포화 영역이라고 부르고 transistor는 ON 상태가 된다. 이것이 소위 switch 동작이다. transistor에 base 전류를 흘리면 그 값에 비례하여 collector 전류가 흐른다. 이 상태는 emitter 접합이 순bias이고 collector 접합이 역 bias의 전압을 가하고 있고 transistor는 능동 영역이다. 이 능동 영역에서의 collector 전류에 대한 base 전류의 비가 전류 증폭율 또는 전류이득(h_{FE}, current gain)이다.

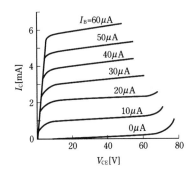

그림 6-14 emitter 접지형 npn transistor의 출력 특성

$$h_{FE} = \frac{I_C}{I_B} \qquad (6\text{-}13)$$

이 전류 증폭율은 emitter 주입 효율 γ 과 base 수송 효율 β 을 써서 다음 식으로 표시된다.

$$h_{FE} = \frac{\gamma\beta}{1 - \gamma\beta} \qquad (6\text{-}14)$$

전류 증폭율을 높이기 위해서는 γ 과 β 를 1에 가까이 하지 않으면 안 된 다. npn transistor의 emitter 주입 효율은

$$\gamma = \frac{I_{Ee}}{I_{Ee} + E_{Ep}} = \frac{1}{1 + I_{Ep}/I_{Ee}} \qquad (6\text{-}15)$$

즉, emitter 주입 효율은 emitter 전류에 차지하는 전자 전류의 비율이다. pnp transistor에서는 정공 전류의 비율이 된다. diode 포화 전류의 식(6-6)의 유추로부터 emitter 전류 중의 정공 전류와 전자 전류의 비

$$\frac{I_{Ep}}{I_{Ee}} = \frac{qD_p p_{n0}/L_p}{qD_n n_{p0}/W} = \frac{D_p W N_A}{D_n L_p N_D} \qquad (6\text{-}16)$$

가 된다. 여기서, $N_A = n_i^2/n_p0$, $N_D = n_i^2/p_n0$이다. 따라서, γ는

$$\gamma = \cfrac{1}{1 + \cfrac{D_p W N_A}{D_n L_p N_D}} \qquad (6\text{-}17)$$

가 된다. 값을 크게 하기 위해서는 N_A/N_D을 작게 해야 하고 emitter의 불순물 농도를 base보다 자리수를 크게 하면 좋다.

한편, base 수송 효율은 emitter로부터 base로 확산한 전자가 collector에 도달하는 비율로 다음 식으로 써진다.

$$\beta = I_c / I_{Ee} \qquad (6\text{-}18)$$

식의 유도는 생략하지만 base에서의 소수 캐리어 연속 방정식을 푸는 것에 의해

$$\beta = \cfrac{1}{\cosh\left(\cfrac{W_B}{L_e}\right)} \qquad (6\text{-}19)$$

이 얻어진다. W_B는 base의 폭이다. 통상의 transistor에서는

$$\beta \approx 1 - \frac{1}{2}\left(\frac{W_B}{L_e}\right)^2 \qquad (6\text{-}20)$$

로 근사할 수 있다. emitter 주입 효율이 1이면 전류 증폭율은

$$h_{FE} \cong 2\left(\frac{L_e}{W_B}\right)^2 \qquad (6\text{-}21)$$

가 된다. 통상의 transistor에서는 $L_e \approx 10 W_B$ 이므로 h_{FE}는 약200이 된다.

이상적인 transistor에서는 collector 전압이 어떤 값 이상이면 collector 전류는 일정하다. 그러나, 그림6-14에 보인 것 같이 collector 전류는 증가의 경향을 보이고 있다. 이 현상을 Early 효과(Early effect)라고 부르고 base 폭이 좁

은 것에 기인하고 있다. 동작 시에 collector 접합에는 큰 역 bias가 걸려있으므로 공핍층 폭이 넓어지고 이 때문에 base 폭은 감소한다. base 폭이 감소하면 base 수송 효율이 증가하여 전류 증폭율은 높게 된다. 극단적으로 bias 전압이 높게 되면 중성인 base 영역은 소실하여 collector와 emitter가 접촉하여 collector 전류가 급격히 증가하는 경우가 있다. 이 상태를 punch-through라고 하고 이 때는 base 전류로 collector 전류를 제어할 수 없게 된다.

고주파에서 사용하는 transistor를 설계하는 경우는 캐리어의 base 주행 시간, collector 접합의 공핍층 주행 시간, 접합 용량에 관계하였을 때 정수 등을 고려해야 한다. 이 중에서 가장 중요한 요소는 base 주행시간이다. p형 base 층 내를 시간 dt에 전자가 주행하는 거리는

$$dx = v(x)dt \tag{6-22}$$

로, $v(x)$는 전자의 속도이다. 전자가 base 층을 주행하는 시간 τ_B는

$$\tau_B = \int_0^{W_B} \frac{1}{v}(x)\,dx \tag{6-23}$$

로 표시된다. base로 흘러들어 오는 전자 전류밀도는

$$J_e = qv(x)n_p(x) = qv(x)\frac{n_p(0)}{W_B}(W_B - x) \tag{6-24}$$

가 된다. 여기서, 전자분포는 삼각형 분포를 가정하고 있다. 또한, 전자 전류밀도는 식(4-45)로 부터

$$J_e = \left| qD_e \frac{dn_p}{dx} \right| = \frac{qD_e n_p(0)}{W_B} \tag{6-25}$$

로 표시된다. 식(6-23), (6-24)과 식(6-25)로부터 base 주행시간은

$$\tau_B = \frac{W_B}{2D_e} \tag{6-26}$$

가 된다. base 주행시간으로 결정되는 주파수 응답의 한계(차단 주파수)는

$$f_c \equiv \frac{1}{2\pi\tau_B} = \frac{D_e}{\pi W_B^2} \tag{6-27}$$

이 된다. Si 결정을 쓴 transistor에서는 수십 GHz에서 동작하는 device가 제조되고 있다. 그 경우에 실효적으로 확산 계수를 크게 하기 위해서 base 영역의 doping 농도에 경사를 갖게 하여 이동도를 크게 하고 있다. 또한, GaAs나 InP 등의 Ⅲ-Ⅴ족 화합물 반도체의 이동도는 Si 반도체보다 커서 초고주파 transistor를 제작하는데 유리하고 GaAs계 반도체로 절단 주파수 100 GHz 이상의 transistor가 시험 제작되고 있다. 이 경우는 AlGaAs/GaAs hetero 접합을 써서 band-gap의 차이를 써서 emitter 전류를 삭감하여 전류 증폭율을 높이고 있다. 이 사고 방식을 Si 계에 적용하여 Si/Ge hetero의 접합을 쓰는 연구가 전개되고 있다. 이것에 의해서 차단주파수 75 GHz로 GaAs계에 가까운 고주파 transistor가 시험 제작되었다.

(ⅲ) thyristor

thyristor는 n형과 p형 불순물을 교대로 dope한 4층 구조로 이루어지는 pnpn diode에 제어용의 제3의 단자(gate)를 덧붙인 device이다. 이 3단자 device는 silicon 제어정류기(SCR, silicon controlled rectifier)라고 도 부른다. 그 구조를 그림6-15에 보인다. n형 Si wafer에 통상의 planar형 제조 기술을 써서 p_1과 p_2의 p형 영역을 제작하고 p_2영역에 n_2영역을 만들어 전극을 마련하여 cathode(음극)으로 한다. p_1영역에 전극을 제작하여 anode(양극)으로 하고 gate 전류

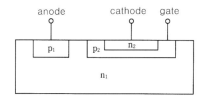

그림 6-15 silocon 제어 정류기(SCR)의 구조

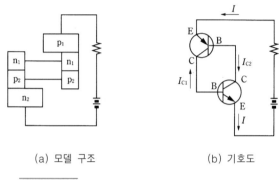

(a) 모델 구조   (b) 기호도

그림 6-16 pnpn 다이오드의 모델 구조의 기호도

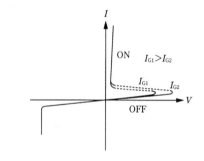

그림 6-17 thyristor (SCR)의 전압-전류 특성

를 제어하는 것에 의해 anode와 cathode사이의 전류를 제어한다. SCR의 기본구조인 pnpn diode의 등가회로를 그림6-16에 보인다. 이 pnpn diode는 2개의 pnp와 npn transistor가 등을 맞댄 구조로 되어있다. pnp transistor의 n형 base와 p형 collector는 각각 npn 형 transistor의 n형 collector와 p형 base로 되어 있다고 생각할 수 있다. p_2영역의 gate에 전류를 흘리면 npn transistor는 ON 이 되어 collector 전류 I_{C2}가 흐르고 이 전류는 pnp transistor의 base 전류이기 때문에 pnp transistor를 ON 시킨다. 이것에 의해 collector 전류 I_{C2}가 흘러 npn transistor의 base 전류 증대를 야기한다. 그 결과 점점 더 collector 전류가 불어나고 더욱 base 전류가 불어난다. 그 결과, cathode와 anode 사이

의 전류가 급격히 증대하여 그림6-17에 보인 전류-전압이 얻어진다. gate에 전류 pulse를 가하는 것으로 보다 낮은 전압으로 break-over하여 anode와 cathode사이에 전류가 흐른다. SCR는 제어할 수 있는 diode이고 직교 변환이나 동력 기기의 제어 등에 널리 사용되고 있다.

6-5 MOS transistor

transistor에는 위의 bipolar형 외에 5-3절에서 취급한 MOS(metal oxide semiconductor) 구조를 쓰는 전계 효과형 트랜지스터(FET; Field effect transistor)가 있다. MOSFET는 전자 또는 정공의 어느 한편만이 관여하기 때문에 unipolar transistor라고도 부른다.

(ⅰ) 기본특성

MOSFET에서는 p형 wafer를 써서 도통부(channel이라 함)에 다수 캐리어의 전자가 흐르는 n-channel MOS transistor의 단면 구조와 기호를 그림6-18(a)과 (b)에 보인다. 중심부의 gate는 MOS 구조이고 gate에 음의 전압을 걸면 정공이 모여 p형이 되고 transistor는 OFF 상태이지만 양의 전압을 가하면 전자가 모여 p형으로부터 n형으로 반전(inversion)하고 source부와 drain부는 전기적으로 연결되어 transistor는 ON 된다. 이 반전에 필요한 전압을 문턱값 전압

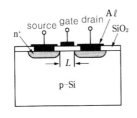

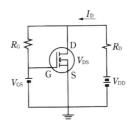

(a) 단면 구조   (b) 회로도(source 접지)

그림 6-18 nchannel 형 MOS transistor 의 단면 구조와 회로도

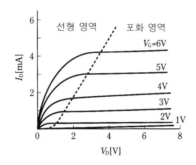

그림 6-19 n channel MOS transistor의 drain 전압-drain 전류 특성

(threshold voltage V_{th})이라 하고 MOSFET의 중요한 parameter이다. 대표적인 drain 전류(I_D)와 drain 전압(V_D) 특성을 그림6-19에 보인다. drain 전압이 낮은 경우 $I_D - V_d$특성은 거의 직선적으로 변화한다. 이 영역을 선형 동작 영역이라 한다. drain 전압을 높게 하면 drain 전류의 증가는 억제되고 포화 경향을 보인다. 이 원인은 drain 전압은 channel의 우단의 pn 접합에 대하여 역 bias가 되고 있고 V_D의 증가에 의한 공핍층 폭의 증대로 반전층의 깊이는 얕게 되어 전자가 흐르기 어렵게 되기 때문이다. 반전층이 소멸하는 drain 전압을 pinch off 전압이라 한다.

n channel MOS transistor의 선형 동작 영역에서의 source와 drain 사이의 전류-전압 특성은 다음 식으로 표시된다.

$$I_D = C_0 \mu_n \frac{Z}{L} \left\{ (V_G - V_{th}) V_D - \frac{1}{2} V_D^2 \right\} \qquad (6\text{-}28)$$

C_0은 산화막의 용량, Z는 channel 폭, L은 channel 길이, V_G은 gate 전압이라 한다. 포화 영역에서는 포화 drain 전압

$$V_{Dsat} = V_G - V_{th} \qquad (6\text{-}29)$$

이기 때문에 식(6-28)에 대입하여 포화 drain 전류는

$$I_{\text{Dsat}} = C_0 \mu_n \frac{Z}{2L} \ V_{\text{Dsat}}^2 \tag{6-30}$$

이 된다. MOSFET의 성능을 나타내는 상호 콘덕턴스는 다음 식으로 구해진다.

$$g_m \equiv \left. \frac{\partial I_D}{\partial V_G} \right|_{V_{D=\text{const}}} \tag{6-31}$$

식(6.28)을 미분하면

$$g_m = C_0 \mu_n \frac{Z}{L} \ V_D \tag{6-32}$$

이 된다.

n-MOSFET의 gate 용량을 $C_G \ (= \ C_0 ZL)$로 하면 동작시의 최고 주파수

$$f_T = \frac{g_m}{2\pi C_G} = \frac{\mu_n V_D}{2\pi L^2} = \frac{\mu_n v_s}{2\pi L} \tag{6-33}$$

이 된다. v_s는 전자의 포화 속도이다. 따라서, f_T는 이동도가 크고 channel 길이가 짧을수록 높고 고주파 특성이 뛰어난 MOSFET가 실현된다.

(ii) MOSFET의 종류

MOS transistor에는 동작 모드로서 4종류가 있다. 그 하나는 gate 전압을 가하여 n channel이 형성되는 nMOS transistor로 enhancement(E)형 또는 normally-off라 부른다. 이것에 대하여 gate 전압이 zero라도 처음부터 drain 전류가 흐르는 nMOS를 depletion(D)형 또는 normally-on형이라고 한다. 그림 5-13에 보인 것 같이 전도형이 다른 또 하나의 p channel transistor에도 E 형과 D 형이 있다. MOS transistor의 회로 구성으로서는 E 형과 D 형 MOS, 또는 n channel과 p channel MOS를 조합하는 것에 의해 용도에 대응하여 회로 특성을 향상시킬 수가 있다.

예를 들면 ED-MOS 회로는 집적도가 높고 고속으로 동작하기 때문에 microprocessor의 고성능 회로에 쓰인다. 또한, nMOS와 pMOS로 상보적인 회로 구성으로 이루어진 C-MOS 회로는 소비 전력이 대단히 작고 잡음에 대하

여 강하므로 휴대용의 IC나 대용량 memory나 system LSI 등에 쓰인다.

(ⅲ) device의 축소비

1965년에 처음으로 32개의 transistor로 이루어지는 IC가 만들어진 이래로 집적 밀도가 매년마다 2배의 속도로 늘어났다. 소자 수의 고집적화는 MOS LSI 에서는 gate 길이(channel 길이)의 축소화로 실현되고 있고 최소 치수 0.1 μm 로 향하여 기술 개발이 진행되고 있다. channel 길이가 짧게 되면 단 channel 효과라고 하는 부적절한 효과가 나타나게된다. device 설계 상에서는 이 단 channel 효과를 억제하면서 어떻게 하여 치수를 축소할지가 중요한 개발 과제가 된다.

channel 길이가 짧게 되면 source 및 drain부의 pn 접합의 공핍층이 식(6-9) 에 의해 넓어진다. 극단의 경우는 source와 drain 접합의 공핍층이 서로 접촉하는 punch-through 현상이 생겨서 gate 전류를 제어할 수 없게 된다. 공핍층이 접촉하지 않은 통상의 경우라도 drain 전압 5V(최근에는 3V)에서 channel 길이가 1 μm 이하가 되면 channel의 길이 방향의 전계가 대단히 커진다. 이 높은 전계에 의해서 캐리어 이동도는 전계에 의존하여 포화 경향을 보인다. 또한, channel의 깊이도 얕게 되고 표면에서 캐리어가 산란되어 이동도가 저하하여 bulk의 값의 약 반이 된다. 전계가 높은 경우는 drain 단에서 캐리어의 눈사태 항복이 일어나고 이것에 의해 생긴 높은 에너지의 전자는 산화막에 주입되는 전하를 형성하여 문턱 전압 값을 변화시킨다. 이 현상을 hot 캐리어라고 부른다. 또한, 생성된 정공은 기판에 흘러 들어와 기판 전류가 된다. device 치수를 축소하는 단순한 사고 방식은 단 channel 효과를 일어나지 않도록 하면서 모든 치수를 1/k로 축소하는 것이다. channel 길이, SiO$_2$ 막 두께 및 channel 폭, 전압 전류는 다음과 같이 된다.

$$L' = \frac{L}{k} \ , \ d' = \frac{d}{k} \ , \ Z' = \frac{Z}{k}, \ V' = \frac{V}{k} \ , \ I' = \frac{I}{k} \quad (6\text{-}34\,a)$$

또한, 축소하더라도 전계는 변하지 않는다고 하면 각 물리량은 다음과 같이 된다.

$$C_0' = \frac{\varepsilon_{0x}}{d/k} = k\frac{\varepsilon_{0x}}{d} = kC_0 \text{ (F/cm}^2) \qquad\qquad (6\text{-}34\text{ b})$$

$$(C_0'A') = (kC_0)\left(\frac{Z}{k}\right)\left(\frac{L}{K}\right) = \frac{C_0A}{k} \text{ (F)} \qquad\qquad (6\text{-}34\text{ c})$$

$$I'_{\text{Dsat}} = \left(\frac{Z}{k}\right)\frac{(kC_o)v_s(V_G - V_T)}{k} = \frac{I_{\text{Dsat}}}{k} \text{ (A)} \qquad\qquad (6\text{-}34\text{ d})$$

$$J'_{\text{Dsat}} = \frac{I_{\text{Dsat}}}{A'} = \left(\frac{I_{\text{Dsat}}}{k}\right)\left(\frac{k^2}{A}\right) = kJ_{\text{Dsat}} \text{ (A/cm}^2) \qquad\qquad (6\text{-}34\text{ e})$$

$$f_T' = \frac{v_s}{2\pi(L/k)} = k \cdot f_T \text{ (Hz)} \qquad\qquad (6\text{-}34\text{ f})$$

직류 전력 및 switching에 필요한 에너지는

$$P'_{\text{dc}} = I'V' = \left(\frac{I}{k}\right)\left(\frac{V}{k}\right) = \frac{P_{\text{dc}}}{k^2} \text{ (W)} \qquad\qquad (6\text{-}34\text{ g})$$

$$E' = \frac{1}{2}(C_0A)' V'^2 = \frac{1}{2}\frac{C_0A}{k}\left(\frac{V}{k}\right)^2 = \frac{E}{k^3} \text{ (J)} \qquad\qquad (6\text{-}34\text{ h})$$

가 된다. 치수를 축소하는 것에 의해 전류 밀도 이외는 전부 특성 향상에 기여한다. 이 전류 밀도의 증가는 배선 금속을 이동시키는 electro-migration이 생겨서 단선의 원인이 된다.

별도의 축소화 사고 방식으로서 실험적으로 얻어진 데이타를 기초로 한 것이 있다. channel 동작이 유지할 수 있는 최소 channel 길이를 $L_{\min}$로 하여, $\gamma(= r_j d(W_s + W_d))$의 관계식을 쓰는 방법이 있다. 이 관계는 다음 식으로 기술된다.

$$L_{\min} \cong 0.4\{r_j d(W_s + W_d)^2\}^{1/3} = 0.4\gamma^{1/3} \qquad\qquad (6\text{-}35)$$

여기서 r_j는 source 또는 drain접합의 깊이, d는 gate 산화막의 두께, W_s와 W_d은 source와 drain 접합의 공핍층 폭이다. 이 식을 써서 MOSFET를 설계하기 위해서는 예를 들면, channel 길이 $L_{min} = 0.5\,\mu$m 에서의 γ는 2가
아니면 안 된다. 이 γ값이 2가 되도록 r_j, d, W_s, W_d을 정한다. 이 사고 방
식에서는 각종의 조 편성이 만들어지기 때문에 설계의 자유도가 만들어진다.

이상의 device에서는 결정 Si를 쓰는 것에 의해 결함 밀도가 대단히 작은
SiO₂/Si 계면을 제작할 수 있고 처음으로 실용적인 MOS 구조의 FET가 실현
되었다.

이 Si-MOSFET는 bipolar 형에 비교하여 구조가 간단하고 집적화가 용이하
기 때문에 주된 transistor 구조가 되어 현재의 초고집적 회로를 실현하는 원
동력이 되었다.

6-6 광검지 device

광 에너지를 광신호로 파악하여 광 통신의 광 감지기로서 쓰는 것이
photo-diode나 photo-transistor이다.

(ⅰ) photo-diode

photo-diode는 역 bias된 pn 또는 pin 접합이다. pin란 pn의 사이에 고저항
(intrinsic)층을 삽입한 것이다. pin형 photo-diode의 구조도를 그림6-20에 보인
다. 입사한 광은 주로 pin의 i 층 또는 pn 접합의 공핍층으로 흡수되어 전자-
정공 쌍을 생성하고 분리되어 외부 회로에 전류로 흐른다. i 층이나 공핍층
에는 높은 전계가 존재하기 때문에 생성한 캐리어의 주행 시간은 짧고 양호
한 고주파 특성이 얻어진다. 고주파 특성은 공핍층에서의 캐리어의 drift 속
도나 용량에 의존한다. drift 속도를 높게 하기 위해서는 공핍층이나 i 층의
두께를 얇게 하면 좋지만 광의 흡수가 줄어 감도를 떨어뜨리게 된다. 또한,
얇으면 접합 용량이 증대하여 RC의 시정수도 커져 응답 속도가 감소한다.

일반적으로 공핍층에서의 주행시간은 변조 주기의 1/2이라고 하고 있다. 변조
주파수(f)가 1 GHz의 경우는 주행시간($t = 1/2\pi f$)에 Si의 포화속도(10^7 cm/s)
를 곱하면 공핍층 폭으로 약 $10\,\mu$m의 값이 얻어진다.

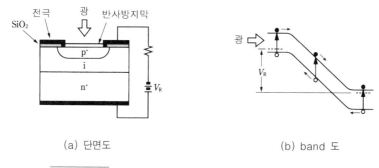

(a) 단면도　　　　　　　　　(b) band 도

그림 6-20　pin형 photo-diode의 단면구조와 band도

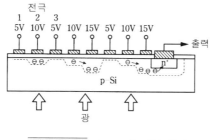

그림 6-21　CCD 의 기본 동작

(ii) CCD

MOS condenser의 과도 특성을 이용한 전하결합 device(CCD; charge-coupled device)는 image device, analogue 신호 처리나 memory에 응용되고 있다. 특히 화상을 처리하는 image device로서 제조되고 있다. 그 원리에 대해서 그림 6-21을 이용하여 설명한다. 전극1과 3에 5V, 전극2에 보다 높은 10V의 전압을 인가한다. 그러면 전극2의 아래의 공핍층은 더욱 깊어진다. 이 공핍층은 캐리어를 trap하는 포텐셜 우물로 작용한다. 이 상태에서 아래로부터 광을 비추면 음의 전하가 축적된다. 다음에 전극3의 전극을 15V로 크게 하면 더욱 깊은 우물이 형성되어 전하는 깊은 우물로 이동한다. 이것이 전하 전송(charge transfer)이다. 이것을 되풀이하면 전하 즉 전기 신호가 표면을 따라 이동한다. 전하의 검지는 우단에 만들어진 역 bias pn 접합 또는 부유 gate에 의해 행한다.

POINT

1   고순도 다결정 Si는 Siemens법으로 제조된다. 이것은 순도 98%의 Si 원료를 분쇄한 것을 염화 silane으로 반응시켜서 정류탑으로 3염화 silane를 추출한다. 반응화로에서의 H_2의 환원 반응으로 직접 통전에 의해 1100℃로 가열한 Si 심 막대에 불순물 농도가 ppb level의 고순도 다결정 Si를 석출시킨다. (그림6-1)

2   Siemens법으로 만들어진 고순도 다결정 Si를 argon 분위기의 석영 도가니 속에서 1420℃에서 용해하여 그 용융액에 Si 종결정을 담가 온도를 제어하면서 매분 약 1mm로 인상하여 지름 15~30 cm의 Si 단결정을 제조한다. 이 인상법을 Chokralski법: CZ 법이라 한다(그림6-2). LSI의 chip 치수의 대구경화와 동시에 저산소 농도의 대구경 단결정이 얻어지는 자계 인가 Chokralski법(MCZ)도 검토되고 있다(그림6-3).

3   Si wafer 상에 저항값 또는 전도형이 다른 단결정 Si를 성장시키기 위해서 고주파 가열한 초고순도 흑연 지지대의 Si wafer 상에 4 염화 silicon과 수소를 공급하여 고온에 의해 Si의 표면을 etching하여 정상적인 표면을 노출시킨 다음 온도를 내리고 필요한 Si 단결정 층을 epitaxial 성장시킨다. bipolar IC의 제조에서는 불가결한 공정이다(그림6-5~ 그림6-6).

4   diode의 기본적 구조는 pn 접합이고 정류 특성을 갖는다. 그 전형적인 전류 밀도-전압 특성은 $J = J_0\{ \exp(qV/k_B T) - 1 \}$, 여기서 역방향 전류밀도 $J_0 = qn_i^2\{D_n/L_n N_A + D_p/L_p N_P\}$, D_n과 L_n은 p 형층으로 확산한 전자의 확산 계수와 확산 길이이다(그림6-11~ 그림6-12).

5   증폭회로나 switch 회로에 쓰이는 bipolar transistor에는 npn 형과 pnp 형이 있다. 이 transistor에는 base, emitter, collector의 3단자가 있고 어떤 단자를 접지하는지에 의해서 세 회로 구성이 있다. emitter 접지나 collector 접지의 회로 구성에서는 큰 전류 증폭율이 얻어진다. base 접지로는 전류 증폭율은 거의 1로 설계되어 impedance 변환에 알맞다(그림6-13~ 그림6-14).

6 silicon 제어 정류기(SCR)에 쓰이는 thyristor는 n형과 p형의 불순물을 교대로 dope한 4층 구조의 pnpn diode에 제어용의 제3의 단자를 붙인 device로 한번 도통 상태가 되면, 전류를 내리거나 전압의 극성을 반전시키지 않으면 순방향 저지 상태에 되돌아가지 않는다. 역방향으로 전압을 가한 경우의 전류는 역방향 저지 전압까지 흐르지 않는다(그림 6-17).

7 MOS(Metal Oxide Semiconductor) 구조의 gate 전극에 양의 gate 전압을 인가하는 것에 의해 p→n 층으로, 음의 gate 전압을 인가하는 것에 의해 p→n 층으로 반전할 수 있기 때문에 전자 또는 정공에 의한 n 또는 p channel을 형성할 수 있다. 이 반전할 때의 전압을 문턱값 전압이라고 한다. 이것이 전계 효과형 unipolar transistor의 원리이다. MOS transistor는 bipolar transistor보다 구조가 간단하고 고집적화가 용이하다(그림 6-18).

[연습문제]

① $10^{16} cm^{-3}$의 B를 포함하는 Si 결정을 CZ 법으로 인상하려 한다. 그 경우에 용융액 중의 B의 농도를 얼마로 해야 할까? 석영 도가니에 Si를 60 kg 넣으면 B의 량은 어느 정도 필요한가? (B의 원자량은 10.8)

② $10^{17} cm^{-3}$의 As를 포함한 용융액으로 부터 길이 50 cm의 Si 단결정을 성장시켰을 때에 종결정으로 부터 각각 10, 20, 30, 40 cm의 장소에서의 As 농도를 구하라.

③ $N_d = 10^{19} cm^{-3}$, $N_a = 10^{16} cm^{-3}$의 $n^+ p$ diode가 있다. 내부 전계, 공핍층 폭 및 최대 전계 강도를 구하라.

4. 다음 반도체 정수를 갖는 p^+n diode가 있다. $N_a=5\times10^{18}cm^{-3}$, $\tau_n=0.1\,\mu s$, $N_d=10^{16}cm^{-3}$, $\tau_p=10\,\mu s$, A$=0.01cm^2$ p 및 n 형 반도체 층의 확산 길이, diode의 역방향 포화 전류 밀도 및 순방향 전류 1 mA 때의 인가 전압을 구하라.

5. emitter, base와 collector 농도가 $10^{19}cm^{-3}$, 10^{17} cm^{-3}, $10^{15}cm^{-3}$의 npn transistor가 있다. emitter 주입 효율, base 수송 효율 및 전류 증폭률을 구하라. $W=1\mu s$, $\tau_n=1\mu s$, $\tau_p=0.1\mu s$

6. $Z=30\,\mu m$, $L=1\,\mu m$, $\mu_n=750cm^2/V\cdot s$, $C_0=1.5\times10^{-7}F/cm^2$, $V_{th}=1V$ 의 n channel MOSFET이 있다. gate 전압 5V 때의 포화 drain 전류와 상호 conductance를 구하라.

쉬
어
가
는
코
너

– transistor의 발명 –

모든 것이 약 50년 전의 transistor의 발명으로 시작되었다. 당시 미국의 Bell 전화 연구소에서는 대륙 횡단 통신에 필요한 고신뢰 고체 증폭기의 연구를 하고 있었다. 수많은 시행착오의 결과로 1948년에 처음으로 transistor의 원형인 점접촉 transistor가 시험 제작되었다. 이 transistor는 Bardeen과 Brattain에 의해 발명되었다. 유명한 Shockley는 공동 연구자이면서도 이 영예를 손에 넣을 수 없었다. 그러나, 그 다음해인 1949년에 Shockley는 pn 접합 이론을 발표하여 보다 실용적인 접합형 transistor를 발명하였다. 이 이론을 기초로 germanium 반도체 재료를 사용하여 1951년에는 npn형 transistor의 시험 제작에 성공한다. 이 transistor의 장래성을 재빠르게 간파한 동경통신공업(현재의 소니)의 하토야마씨는 transistor radio에 응용하였다. 그 후에 Shockley, Bardeen과 Brattain은 노벨상을 수상하였다.

7. Si device process

대표적인 Si device로서 MOS device가 있다. 그 device는 lithography와 plasma etching법으로 미세하게 가공된 gate용 Si 산화막, source와 drain 영역의 고농도층 및 금속 전극 등으로 구성되어 있다. 이 장에서는 개개의 process 기술의 기본에 대해서 학습한다.

7-1 process 기술

Si device를 제작하는 기술로서는 Si wafer 표면이 cleaning 처리로부터 시작되어 epitaxial 성장, 산화, 확산(이온 implantation도 포함한다), CVD (chemical vapor deposition)법에 의한 다결정 Si나 Si_3N_4등의 막 형성, Al 등의 전극 증착, lithography와 etching에 의한 미세 가공 기술, 평탄화 기술 등이 복잡하게 짝지어지고 있다. 그림7-1에 보이는 n channel MOS transistor의 구조를 예로 하여 process 기술의 개략에 대해서 기술한다. 우선, p형 wafer를 준비하여 열산화에 의해 gate 및 field SiO_2막을 형성한다. 이 SiO_2막 위에 CVD법에 의해 다결정 Si 막을 증착하고 lithography에 의해 gate 전극 pattern 을 형성한다. SiO_2막에 lithography에 의해 구멍을 열어 P 이온의 implantation

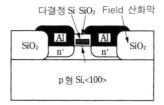

다결정 Si SiO₂ Field 산화막

그림 7-1 n-channel MOS transistor의 단면구조

을 한다. 그 후에 열처리에 의해 implantation 이온을 활성화하여 n^+층을 형성하고 Al 증착막의 patterning에 의해 source, gate와 drain의 전극을 제작한다. 이러한 process에 의해 그림7-1에 보인 n channel MOS transistor가 완성된다. 여기서 말한 기본 process인 산화, 확산, CVD, lithography와 etching기술 등에 대하여 더욱더 상세하게 배운다.

7-2 산 화

Si device 내의 절연막, 보호막이나 선택 확산 mask등에 적용되고 있는 Si 산화막은 Si wafer 표면을 약 1000℃의 고온으로 열산화하는 것에 의해 형성된다. 그 막 두께나 품질을 제어하기 위해서는 그 산화 기구에 대해서 이해할 필요가 있다. 통상, Si 산화막은 건조 산소 또는 습기 산소 내의 화학 반응에 의해 형성된다.

$$Si(固體) + O_2 \rightarrow SiO_2 (固體) \tag{7-1}$$

$$Si(固體) + 2H_2O \rightarrow SiO_2 (固體) + 2H_2 \tag{7-2}$$

열산화는 그림7-2에 보인 산화화로에 보유한 고순도 석영관 속에서 행하여진다. 건식 산화화로에서는 산소 gas를 산화화로 내로 흘려서, 습식 산화

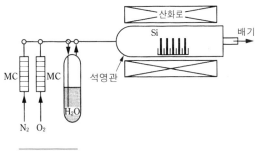

<u>그림 7-2</u> 건식 및 가습 산화용의 장치구성

에서는 일정 온도로 유지한 물에 gas를 흘려서 그 온도에서의 포화 수증기 분압에 상당하는 수분을 화로에 보낸다.

그들의 산화 기구는 아래에 보이는 단순한 모델로 설명되고 있다. 산소는 gas에서 부터 산화막 표면으로 이동하고 그 후 산화막 내를 확산하여 Si 표면에 도달한다.

여기서 산소는 Si와 반응하여 SiO_2 막이 된다. 산화막 표면에서의 산소 농도 N_0는 온도, gas 유량과 산화막에의 산소의 고용도에 의해 결정된다. 예를 들면 1000℃에서 N_0의 값은 1기압의 건조 산소로 5×10^{16}분자/cm^3 수증기 속에서 3×10^{19}분자/cm^3이다. 여기서, 산화막 표면에서 Si 결정 표면으로 흐르는 산소의 유속을 F_1로 하면 Fick의 법칙을 써서 산화막의 성장 속도를 구할 수 있다.

$$F_1 = -D\frac{\mathrm{d}N}{\mathrm{d}x} = \frac{D(N_0 - N_i)}{x_0} \qquad (7\text{-}3)$$

여기서, N_a는 Si 표면에서의 산소 농도[분자/cm^3], D는 확산 계수[cm^2/s], x_0는 산화막의 두께[cm]이다.

산화막으로부터 Si 표면에의 유속 F_2는 산화의 반응 속도 정수 k_s로 결정되고 다음식으로 주어진다.

$$F_2 = k_s N_i \tag{7-4}$$

정상상태에서는 $F_1 = F_2$이므로 식(7-3)과(7-4)으로부터

$$N_i = \frac{N_0}{1 + k_s x_0 / D} \tag{7-5}$$

$$N_i = \frac{N_0}{1/k_s + x_0/D} \tag{7-6}$$

가 된다. 산화막 내의 SiO_2는 2.2×10^{22} 분자/cm^3이므로 건조 O_2 내에는 2.2×10^{22}분자/cm^3의 O_2가, 습기 O_2 속에서는 $4 \cdot 4 \times 10^{22}$분자/cm^3의 H_2O가 필요하다. 산화막 성장속도의 식은

$$\frac{dx_0}{dt} = \frac{F}{N_1} = \frac{N_0/N_1}{1/k_s + x_0/D} \tag{7-7}$$

가 된다. 이 식을 0으로부터 t까지 적분하여 다음 식을 얻는다.

$$\frac{2D}{k_s}(x_0 - x_i) + (x_0^2 - x_i^2) = \frac{2DN_0 t}{N_1} \quad x_i : t=0시의 \ SiO_2 의 \ 두께 \tag{7-8}$$

여기서, 산화막의 두께(x_0)는 다음 식으로 표시된다.

$$x_0 = \frac{A}{2}\left(\sqrt{1 + \frac{t+\tau}{A^2/4B}} - 1\right) \tag{7-9}$$

여기서

$$A = 2K/k_s \tag{7-9 a}$$

$$B = 2DN_0/N_1 \tag{7-9 b}$$

$$\tau = (x_i^2 + Ax_i)/B \tag{7-9 c}$$

이다. 초기의 산화막 두께 x_i는 급격한 초기 산화 성장의 결과이고 건조 산

소에서는 20nm, 습기 O_2 속에서는 무시할 수 있다. 또한, 이미 산화한 표면을 산화하는 경우는 그 산화막 두께이다.

$(t+\tau) \ll A^2/4B$의 경우 에 대하여 식(7-9)의 Taylor 전개에 의해,

$$x_0 = B(t+\tau)/A \tag{7-10}$$

여기서, B/A는 선형 속도 상수이다.

$t \gg A^2/4B$의 경우,

$$x_0 = \sqrt{B \cdot t} \tag{7-11}$$

$$B : 포물형 \; 속도상수$$

가 된다. 따라서, 산화 시간이 짧으면 산화막의 두께는 표면 반응 속도 상수에 의해서 결정되고 산화 시간에 비례한다. 산화 시간이 길면 식(7-11)에 의해 B 즉 확산 계수 D에 의해 결정되어 산화 시간의 평방근에 비례한다.

실제의 실험 데이타를 그림7-3에 보인다. 이 그림으로부터 가습 산화에서의 산화 속도는 건식 산화의 약 10배인 것을 알 수 있다. 또한, 실험 데이타는 전체적으로는 이론식(7-8)으로, 단시간에서는 식(7-10)으로, 장시간에서는 식(7-11)으로 표현되는 것을 알 수 있다. 또한, 실험에서 얻어진 A와 B의 값을 그림7-4에 보인다.

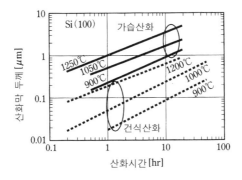

그림 7-3 건식 및 가습 산화의 산화 막 두께와 산화 시간과의 관계

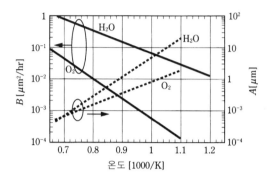

그림 7-4 산화 상수A와 B의 온도 의존성

　이상, 두꺼운 산화막의 성장에서는 산화막 내를 확산하는 산소 분자의 확산이 산화 과정을 지배하여 산화의 초기에 빠른 산화가 일어나는 것을 보였다. 그 초기의 경계막 두께는 건조 O_2속에서 약 15nm, 습기 O_2 속에서는 약 0.5nm이다. 최근의 LSI에서는 10~20nm의 얇은 고품질인 gate 산화막의 제작이 필요하고 초기 산화의 제어가 중요하게 되고 있다. 그 초기의 빠른 산화 과정은 이상의 산화 모델로서는 기술할 수 없다.

　건식 산화에 있어서의 초기 단계에서는 산화막 내에 큰 압축 응력이 있다고 생각되고 그 응력이 산화막 내의 산소의 확산 계수 D를 감소시킨다. 따라서, $A\left(=\dfrac{2D}{k_s}\right)$는 충분히 작아서 식(7-8)은 다음 식으로 표시된다.

$$x_0^2 - x_i^2 = Bt \tag{7-12}$$

　실험적으로도 이 포물선의 형에 따르는 결과가 얻어지고 있고 시간 zero에서의 두께는 2.7nm이다. 이 초기 산화막 두께는 Si 표면의 자연 산화막의 두께 정도이고 납득할 수 있는 값이다. 포물형 속도 상수는 Si 표면에서의 산소 농도 N_0에 비례하고 N_0는 gas 중의 산소 분압에 비례한다. 얇은 산화막의 제어에서는 산소 분압을 100분의 1정도로 내려 약 1000℃에서 산화하여 고품질의 gate SiO_2막을 제작하고 있다.

7-3 확산과 이온 implantation

불순물의 확산은 pn 접합의 형성, 고농도 층이나 device 성능의 향상에 필요하다. 우선, 간단한 확산 이론에 대해서 말하고, 확산원에서의 기상 확산(gas-phase diffusion)와 이온 implantation에 대해서 설명한다.

불순물은 고농도로부터 저농도로 농도 기울기에 비례하여 흐른다. 따라서, 그 유속(F)는

$$F = -D\frac{\partial N}{\partial x} \tag{7-13}$$

이다. 이 식의 F는 유속[개/cm^{2}s], D는 확산 계수[cm^2/s], N은 불순물 농도[개/cm^3]이다. D는 다음 식으로 써진다.

$$D = D_0 \exp\left(-E_a/k_B T\right) \tag{7-14}$$

D_0는 정수이고 E_a는 활성화 에너지로서 각각 불순물의 고유한 값이다.

Fe 등의 어떤 천이 금속 불순물의 확산 정수는 10^{-6}cm^2/s로 크지만, p형 또는 n 형을 형성하는 불순물의 확산 정수는 그림7-5에 보인 것 같이 현격한 차이로 작아 실온에서는 확산하지 않는다. 그 이유는 불순물에 의해 확산의 방법이 다르기 때문이다. Fe 등의 어떤 천이 금속 불순물은 Si 결정의 격자 사이를 재빠르게 확산하는 데 비하여 B 나 P 등의 불순물은 격자에 있는 Si 원자를 치환하면서 확산이 진행된다. 따라서, B 등의 불순물이 확산하기 위해서는 Si 격자에 구멍(동공이라 한다.)이 비어 있을 필요가 있다. 그 동공 농도는 고온에서 Si 격자가 크게 진동하면 증가하는 경향이 있어서 불순물의 확산이 증가한다.

단위 체적에서의 불순물 농도의 변화는 불순물이 들어가는 량과 나가는 량의 차와 같기 때문에,

$$\frac{\partial N}{\partial t} = -\frac{\partial F}{\partial x} \tag{7-15}$$

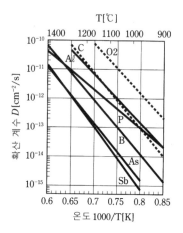

그림 7-5 Si 결정 내의 불순물의 확산 계수

가 된다. 이 식을 식(7-13)에 대입하면 다음 식이 얻어진다.

$$\frac{\partial N}{\partial t} = D\frac{\partial^2 N}{\partial x^2} \tag{7-16}$$

이 식이 Fick의 확산 방정식이다. 이 식은 초기 조건과 경계 조건이 주어지면 풀 수 있다.

(ⅰ) 기상확산

확산은 통상 불순물 원자를 포함하는 gas 분위기에 Si wafer를 고온에서 보유하여 행하여진다. P의 확산을 예로 설명한다. 이 경우는 일반적으로는 액체상의 $POCl_3$에 gas를 보내어 그 증기압 분을 O_2 및 N_2 gas와 함께 800∼1000℃로 유지한 확산로에 보낸다. 그 화학 반응은

$$2POCl_3 + \frac{3}{2}O_2 \;\rightarrow\; P_2O_5 + 3Cl_2 \tag{7-17}$$

으로 산화 인이 Si와 반응하여 P가 결정 내에 들어간다.

$$2P_2O_5 + 5Si \;\rightarrow\; 4P + 5SiO_2 \tag{7-18}$$

　B를 확산하는 경우는 액체의 BBr₃ 캐리어 gas를 흘리는 방법, 또는 고체 BN과 O₂의 반응으로 산화 boron gas를 발생시키는 방법 등이 있다.

　기상 확산의 경우는 Si wafer 표면에는 충분한 확산원이 증착되어 있다고 생각할 수 있다. 이 상태는 무한 원에서의 확산에 해당하고 Si 표면에는 불순물의 고용도에 상당하는 량(N_0)이 존재하는 것으로 된다. 표면에서의 거리(x)가 무한대에서는 $N = 0$이다. 이 두개의 경계 조건을 전번의 Fick의 확산 방정식에 대입하면,

$$N(x,\ t) = N_0\ \text{erfc}\ \frac{x}{2\sqrt{Dt}} \tag{7-19}$$

가 된다. erfc는 보상 오차 함수로서 다음 식으로 기술된다.

$$\text{erfc}\ z = 1 - \frac{2}{\sqrt{\pi}} \int_0^z e^{-a^2} da \tag{7-20}$$

$\sqrt{Dt}$ 는 확산 길이이고 확산 깊이의 척도가 된다. Si의 단위 표면을 통해서 확산하는 불순물의 총량은 위 식을 적분하여,

$$Q(t) = \int_0^\infty N(x,\ t)dx = \frac{2}{\sqrt{\pi}} \sqrt{Dt}\, N_0 \tag{7-21}$$

이 된다. 불순물 분포는

$$N(x,\ t) = N_0\ \text{erfc}\ \frac{x}{2\sqrt{Dt}} - N_{BC} \tag{7-22}$$

　　　　　N_{BC} : wafer 내의 불순물 농도

　이상의 무한 원에서의 확산 외에도 유한 원에서의 확산이 있다. 이것은, drive-in이라고도 부르고 표면 농도를 삭감 표면에서 속 안까지 깊게 확산한 경우이다. 확산 방정식의 경계 조건은

$$\frac{\partial N}{\partial x}\bigg|_{(0,\ t)} = 0,\ N(\infty,\ t) = 0 \tag{7-23}$$

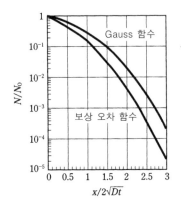

그림 7-6 규격화한 Gauss함수와 보상 오차함수

이다. 식(7-16)에 대입하면 불순물의 농도 분포로서 다음 식이 얻어진다.

$$N(x, \ t) = \frac{N_s}{\sqrt{\pi Dt}} \exp \left(-x^2/4Dt \right) \tag{7-24}$$

N_s : 표면에서의 불순물농도

이 불순물 분포는 Gauss 분포라고 부른다. 참고로 규격화한 보상 오차 함수와 Gauss분포를 그림7-6에 보인다.

(ii) 이온 implantation

최근의 집적회로(integrated circuit)에서는 불순물의 도입은 이온 implantation에 의해 행하여지고 있다. 이것은 열 확산법에 비교하면 농도나 깊이의 제어뿐만 아니라 면내 분포도 대단히 균일하기 때문이다. 이것 때문에 그림7-7에 보인 이온 implantation 장치가 사용되고 있다. gas를 이온원에서 분해하여 이온을 만들고 분리 전자석을 갖는 질량 분석기로 필요한 이온만을 취득하여 가속관으로 수백 kV로 가속한 후 Si wafer에 조사한다. 이 때 이온 beam을 수평 및 수직으로 주사하는 것에 의해서 implantation 량의 면내 분포를 균일히 한다. 반도체 내부에 주입된 고 에너지 이온은 원자핵이나 전자와 충돌하여 에너지를 잃어 정지한다. 이온의 침입하는 거리를 비정거리

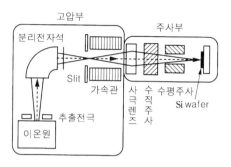

그림 7-7 이온 주입 장치의 구성

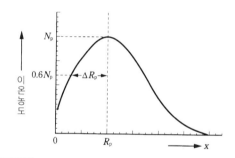

그림 7-8 이온 주입에 의한 불순물 분포(Gauss 분포)

(飛程距離 projection range, R_p)라 하고, 이 는 이온의 가속 전압과 종류에 의존한다. 원자 번호가 작은 경우는 질량이 작기 때문에 Si 원자로부터 되튀겨져서 침입 깊이는 작게 된다. 이온 beam의 입사 각도를 격자와 평행으로 하면 보다 깊게 침입하는 channeling 효과가 생긴다.

이온 implantation에서의 불순물 분포는 그림7-8와 같이 근사적으로 다음 Gauss 분포로 나타낼 수 있다.

$$N(x) = N_p \exp \left[\frac{-(x-R_p)^2}{2 \Delta R_p^2} \right] \tag{7-25}$$

R_p : 비정거리[cm], ΔR_p :표준 편차
N_p : peak 농도[cm^{-3}]

peak의 불순물 농도는 실험적으로 식(7-26)에 의해 얻어진다.

$$N_p = 3 \times 10^{14} \frac{It}{A \varDelta R_p^2} \tag{7-26}$$

I : 이온 beam전류[A],　t : implantation 시간[s]

A : implantation 결정의 면적[cm^2]

이 식은 peak 불순물 농도가 이온 beam전류와 implantation 시간의 곱에 비례하는 것을 보이고 있다. 비정거리 R_p의 예를 그림7-9에 보인다. 이 R_p와 implantation 에너지의 관계는 Si(111)면에 implant한 B, P와 As에 대해서 얻어진 실험 결과이다. 원자량이 작은 원소는 원자의 원자핵이나 주위의 전자구름과의 상호작용이 작아 비정 거리가 커진다. 이 그림을 참고로 device 설계에 필요한 접합 깊이를 얻는 implantation 에너지를 정하고 해당하는 이온 implantation 장치를 선택한다.

고 에너지 이온이 반도체에 이온 implantation 하면 원자와 충돌하여 격자의 위치로부터 원자를 이동시키고 동공이나 결정 결함을 형성한다. 고농도의 이온 implantation에서는 결정이 완전히 파괴되어 비정질 상태가 된다. 따라서, 원래의 결정 상태에 되돌리려면 이온 implantation한 이온을 활성화시키

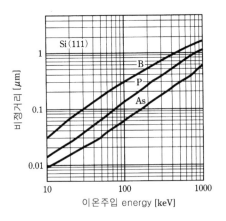

그림 7-9 Si 내의 B, P 및 As의 비정 거리의 이온 주입 에너지 의존성

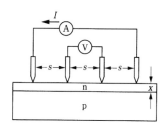

그림 7-10 4탐침에 의한 저항률의 측정법

기 위한 열처리가 필요하게 된다. 열처리 온도는 900℃로 통상의 확산에 비교하여 저온으로 가능하다.

이온 implantation는 농도나 깊이 등을 정확히 제어할 수 있는 것 외에 mask로 가로 방향의 제어가 가능하기 때문에 초집적 회로 device 제조를 위한 필수적인 기술로 되어있다.

(iii) 확산층의 저항률

확산층의 저항률은 그림7-10에 보인 4탐침법으로 구한다. 외측의 2탐침에 전류 I를 흘리고 안쪽의 2탐침의 전위차 V를 측정한다. n 형 층은 농도 분포를 갖고 있기 때문에 측정치는 평균 저항률로서 식(7-27)으로 표시된다.

$$\bar{\rho} = 4.532 \frac{V}{I} x_j \qquad (7\text{-}27)$$

x_j : 접합깊이(cm)

농도 분포 $n(x)$를 갖는 n형 층의 평균 저항률은 다음 식으로 주어진다.

$$\frac{1}{\bar{\rho}} = \frac{q}{x_j} \int_0^{x_j} \mu_n n(x) dx \qquad (7\text{-}28)$$

실험적으로 농도분포 $n(x)$를 구할 때는 표면에서 etching으로 n형 층을 서서히 깎으면서 저항율을 측정하는 것을 되풀이한다.

7-4 lithography

lithography는 석판 기술의 의미이지만 LSI에서는 사진과 유사한 기술로 반도체 회로를 wafer상에 형성하는 기술이다. LSI의 제조 공정에서는 wafer상에 SiO₂나 다결정 등을 형성하고 lithography와 에칭 기술의 편성으로 SiO₂나 다결정을 미세하게 가공한다. 그림7-11은 LSI 제조 공정에 있어서의 lithography 기술의 적용 예로서 MOS transistor의 다결정 gate 전극의 제조 공정을 보인다. 이 공정에서는 (a) 우선 다결정 위에 도포법으로 감광성 polymer막(photo-resist)을 형성한다. photo-resist 막의 두께는 그 점도나 spinner의 회전수로 약 1 μm의 두께로 조정하고 도포한 막을 가열하여 용매를 제거한다. 다음에, (b) 필요한 회로 pattern이 그려져 있는 photo-mask를 통해서 자외선을 조사한다. (c) 자외선 노광에 의해서 photo-resist 내에서는 광화학 반응이 일어나 감광부가 현상액으로 용해되고 다결정막 상에 photo-resist의 pattern이 형성된다. 이 종류의 photo-resist를 positive형이라고 하고 반대로 감광부가 용해되지 않는 경우는 negative형이라고 한다. photo-resist를 mask로 하여 다결정을 etching하여 폭 d의 다결정 gate 전극이 형성된다.

photo-mask의 pattern을 resist에 노광하는 방법에는 그림7-11과 같이 mask를 가까이 하여 등배 전사하는 방법과 떼어 전사하는 투영법이 있다. 전자의 근접법에서는 mask와 wafer는 수십 μm 떨어져 있고 최소 선폭은 다음 식으로 표시된다.

$$l_{min} = \sqrt{\lambda g} \qquad (7\text{-}29)$$

λ : 노광 파장
g : mask와 wafer 간의 거리

λ를 0.25 μm, g를 15 μm로 하면 l_{min} =2 μm가 된다.

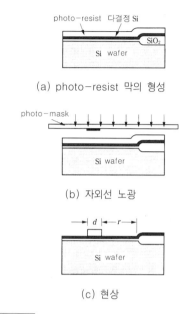

(a) photo-resist 막의 형성

(b) 자외선 노광

(c) 현상

그림 7-11 LSI 공정에서의 photo-lithography

투영법은 mask와 wafer를 접근시키는 필요가 없기 때문에 mask나 wafer를 상처를 입히는 일이 없어 mask를 반영구적으로 사용할 수 있다. 또한, 축소 투영법의 개발에 의해 1 μm 이하의 높은 해상도가 가능하게 되었다. 그림 7-12은 축소투영 노광 장치의 기본 구성으로 초고압 수은 lamp로부터의 자외선을 lens를 통해서 mask에 조사하여 축소 lens로 mask상의 pattern을 축소하여 wafer의 resist를 감광한다. 또한, step & repeat에 의해 여러 개의 축소 pattern을 wafer상에 새긴다. mask와 wafer와는 정확한 위치 맞춤이 필요하고 wafer 위의 align mark로부터 wafer의 위치를 검출하여 wafer 이동대를 움직여 mask의 투영상과 wafer의 위치를 정렬한다. 축소 투영법의 해상도는 다음 식으로 표시된다.

$$l_{min} = \frac{0.6\lambda}{NA} \tag{7-30}$$

NA : lens의 개구수(밝기)

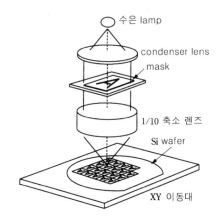

수은 lamp

condenser lens

mask

1/10 축소 렌즈

Si wafer

XY 이동대

그림 7-12 축소 투영노광 장치의 기본 구성

파장 436 nm(수은 lamp의 g 선), 개구수를 0.5로 하면, 해상도는 $0 \cdot 6\,\mu m$ 로 되고 1 μm 이하의 device의 가공이 가능해진다. 또, 파장에 대해서는 수은등의 i 선(365 nm) 또는 KrF excimer laser의 파장 248 nm의 단파장에 의해 해상도를 향상시켜 왔다.

7-5 etching

etching이란 resist라고 부르는 유기 보호막에 의한 pattern을 wafer상에 형성하고 보호막이 없는 부분을 화학적 혹은 물리적으로 가공하는 것이다. 이 기술은 lithography와 일체가 되어 미세 가공의 중심 기술로 되어 있다. etching에는 수용액을 쓰는 wet etching과 기체를 쓰는 dry etching이 있고 고정밀도 etching에는 후자가 사용되고 있다.

dry etching에는 장치 내에 도입한 gas에 고주파 전계를 인가하여 발생시킨 plasma 내의 활성종에 의한 화학 반응을 이용하는 반응성 plasma etching, 전계에 의해 가속된 이온에 의한 sputter 작용만을 이용하는 무반응성 이온 etching과 그 중간적인 반응성 이온 etching (reactive ion etching)이 있다.

반응성 plasma etching에서는 1.3 ~ 13 Pa의 etching gas에 고주파를 인가하여 발생한 활성 radical과 다결정이 산화/화학반응을 일으켜 휘발성의 물질을 생성한다. plasma 전위가 작기 때문에 이온에 의한 충격은 거의 없고 등방성 etching을 할 수 있다. etching gas로서는 프레온(CF_4)가 쓰이고 plasma 내에서 다음과 같이 분해하여 활성의 F radical이 생성된다.

$$CF_4 \rightarrow CF_3{}^+ + F^* + e \tag{7-31}$$

이 radical이 아래의 화학 반응으로 Si와 반응하고 휘발성의 불화 silicon (SiF_4)를 생성한다.

$$Si + F^* \rightarrow SiF_4\uparrow \tag{7-32}$$

$$SiO_2 + 4F^* \rightarrow SiF_4\uparrow + O_2 \tag{7-33}$$

산화 Si의 etching에서는 결정 Si가 etching되지 않도록 하기 위해서 수소를 첨가한다. 수소를 첨가하면 아래의 반응에 의해 F^* radical의 발생이 억제된다.

$$F^* + H \rightarrow HF \tag{7-34}$$

Al 전극의 미세 가공에서는 4염화탄소(CCl_4)이 쓰이고 아래와 같이 해리한다.

$$CCl_4 \rightarrow CCl_3^+ + Cl^* + e \tag{7-35}$$

$$Al + CCl_3^+ + e \rightarrow AlCl_3\uparrow + C \tag{7-36}$$

$$Al + 3Cl^* \rightarrow AlCl_3\uparrow \tag{7-37}$$

반응성 이온 etching에서는 그림7-13에 보이는 것 같이 한편의 전극에 condenser를 사이에 넣어 고주파 전력을 인가하고 다른쪽의 전극을 접지하여 반응성 gas를 도입한다. 고주파 전계를 기초로 전계가 양일 때의 plasma 내의 전자가 전극에 도달하여 전류가 흘러 condenser가 충전된다. 이 결과로 음극 강하가 생겨서 전극 표면 근방에 이온 sheath층이 형성된다. 이 층의 두

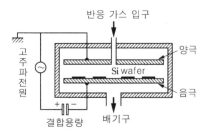

그림 7-13 음극 결합형 형판 반응성 etching 장치

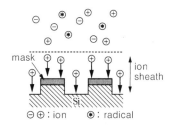

그림 7-14 반응성 sputter etching에서의 이온 sheath의 발생

께는 0.1～1 mm, 이 층에 걸리는 전압은 수백～1000 V이다. 이 이온 sheath 층 내에서 그림7-14과 같이 활성 이온입자는 wafer 표면과 수직한 전계에 의 해서 가속되어 수직 방향의 etching이 진행된다. 이 반응성 이온 etching에 의 해 측방에서의 etching이 작은 이방성 etching이 가능해져서 초집적 회로 제 조에서의 중요한 기술로 되고 있다.

7-6 CVD와 PVD

device process에 사용되는 CVD(chemical vapor deposition)법에는 고온에서 의 열 CVD와 저온에서의 plasma CVD가 있다. 열 CVD는 기상 내에서의 열 분해 또는 화학 반응에 의해 wafer 표면상에 박막을 형성한다. 이 방법으로 다결정막, 질화막이나 산화막이 형성되고 있다.

MOS device의 gate 또는 배선용 다결정 막은 $600 \sim 650\,^{\circ}\mathrm{C}$ 에서의 mono-silane의 열분해 반응으로 제작되고 있다.

$$SiH_4 \rightarrow Si + 2H_2 \tag{7-38}$$

이 반응은 그림7-2에 보인 산화화로를 감압 CVD 용으로 개량하여 막 두께의 균일성, 처리 매수의 증가나 wafer의 대구경에 대응하기 위해서 약 133Pa의 저압으로 행하여지고 있다. 저압에서는 반응 gas 분자가 자유롭게 움직이는 거리(평균 자유 행정)가 상압의 1000배 정도가 된다. 이것 때문에 wafer를 접근하여 화로 내에 나란히 세울 수 있는 것이 가능해져 일회의 처리 매수가 비약적으로 불어나고 또한 막 두께의 균일성도 향상된다.

선택 산화 mask나 불휘발성 memory의 gate 절연막으로서 쓰이고 있는 질화막은 mono-silane과 ammonia를 $750 \sim 800\,^{\circ}\mathrm{C}$ 에서의 저압 반응으로 제작되고 있다.

$$3\,SiH_4 + 4\,NH_3 \rightarrow Si_3N_4 + 12\,H_2 \tag{7-39}$$

질화막은 같은 gas계에서의 plasma CVD 법에 의해 약 300 $^{\circ}\mathrm{C}$ 로 저온으로 형성되고 있다. 이 질화막은 Natrium에 대항하는 저지 효과, 내습성을 갖기 때문에 device의 보호막으로서 최종 단계에서 형성되고 있다. 또한 CVD 법은 단차나 구멍 안으로 균일한 막을 형성하는 것이 가능하기 때문에 최근에는 W 등의 내열성 금속, Cu 등의 저저항 전극 재료나 Ta_2O_5 등 폭넓은 개발이 행하여지고 있다. W 금속은 다음 열분해반응에 의해 제작된다.

$$WF_6 \rightarrow W + 3F_2 \tag{7-40}$$

또는, 다음 수소 환원 반응도 쓰인다.

$$WF_6 + 3H_2 \rightarrow W + 6HF \tag{7-41}$$

W 금속은 단체 그 자체로 쓰는 경우와 WSi_2의 silicide로 쓰는 경우가 있

다. 후자는 특히 얕은 접합을 파괴하지 않고 전극을 형성하는 경우에 사용한다. PVD(physical vapor deposition)법의 전형적인 예는 진공 증착과 sputter 증착이다. 진공 증착은 진공 장치에 시료를 넣어 일정한 온도로 가열하고 rotary pump나 확산 pump에 의해 약 10^{-4} Torr(10^{-5} Pa)의 압력까지 내려 용융한 Al 금속 등을 증발하는 방법이다. Al 금속의 용융은 통전 또는 전자 beam에 의한 가열에 의한다.

증착막의 두께 l[cm]은 증착물이 공간적으로 균일하게 나른다고 가정하면 다음 식으로 표시된다. 점상 증발원의 경우, 두께는

$$l = \frac{m}{4\pi\rho_d H^2}\left\{\frac{1}{1+(L+H)^{3/2}}\right\} \tag{7-42}$$

이 된다. m는 증착되는 전물질량[g], ρ_d는 증착물의 밀도[g/cm^3], H는 증착원과 시료와의 수직거리, L는 시료상의 어떤 위치이다. 한편, 면상 증발원의 경우는 증착 막의 두께

$$l = \frac{m}{\pi\rho_d H^2}\left\{\frac{1}{[1+(L/H)^2]^2}\right\} \tag{7-43}$$

가 된다. 생산 장치에는 여러 장의 wafer에 균일하게 증착할 필요가 있고 이 경우는 자공전이 가능한 wafer지지 장치를 써서 회전하면서 증착한다. Al과 Si는 577℃에서 동시에 용해하기 때문에 577℃ 이하로 wafer를 유지하여 증착하지 않으면 Si wafer 표면에 Al이 침투한다. 또한, 500℃에서의 Al에의 Si 의 용해도는 0.8wt% 이다. 따라서, Si가 약 1wt% 함유한 Al을 써서 증착하면 얕은 접합을 파괴하지 않을 수 있다.

sputter 증착은 Ar 이온을 전장으로 가속하여 음극의 피증착물에 충돌시켜서 뛰어 나간 물질을 wafer에 입히게 하는 방법이다. 이 방법에서는 통상의 진공 증착에서는 증착이 곤란한 고용점 Mo, Pt나 W 등을 형성할 수 있다. 이 것들의 금속을 뛰어나가게 하는 에너지는 수십 V 이기 때문에 보통 100 V 에서 Ar를 가속하여 sputter 증착을 한다.

POINT

1 그림7-1의 구조의 MOS transistor는 Si wafer 표면의 세정 처리로부터 시작되어 epitaxial 성장, 산화, 이온 implantation 등을 포함하는 확산, CVD 법에 의한 다결정 Si나 Si_3N_4의 막형성, Al 등의 전극 증착, lithography 와 etching에 의한 미세 가공 기술, 평탄화 기술 등을 여러번 조합하여 제작된다.

2 절연막, gate 산화막, 보호막이나 선택확산 mask등에 쓰이는 Si 산화막 은 Si wafer의 표면을 약1000℃의 고온으로 열산화하여 만들어진다. 산화막 두께는 건조 산화보다 가습 산화가, 산화 온도가 고온이, 산화시간이 길수록 두껍게 된다(그림7-3).

3 pn 접합의 형성, 고농도층의 형성에 Si 결정 내의 불순물의 확산이 필수적으로 행해진다. 확산 계수는 $D = D_0 \exp(-E_a / k_B T)$ 로 주어지고 D_0와 활성화 에너지 E_a는 각각 불순물의 고유한 물질 상수이다(그림7-5).

4 열 확산법과 비교하여 농도나 깊이의 제어뿐만 아니라 면내 분포가 균일하기 때문에 최근 IC 제조 공정에서의 Si wafer에 불순물의 도입은 이온 implantation이 쓰인다. implantation된 결정은 결정 결함을 갖고 고농도에서는 비정질 상태가 되기 때문에 통상의 확산보다 온도가 낮은 900℃의 열처리에 의해 원래의 결정 상태로 되돌려 implantation한 이온을 활성화시키고 있다(그림7-7).

5 LSI의 제조 공정에서는 Si wafer 상에 SiO_2나 다결정 Si 등을 형성한다. photo-lithography와 etching 기술을 조합하여 SiO_2 및 다결정 Si를 미세하게 가공한다. photo-mask의 pattern을 resist에 노광하는데 축소 투영법의 개발에 의해 $1 \mu m$ 이하의 해상도가 얻어진다. 더욱이 광원에 수은 등의 i 선(365 nm) 또는 KrF excimer laser의 파장 248 nm를 써서 해상도를 향상시킬 수 있다(그림7-12). etching 기술에는 수용액을 쓰는 wet etching와 gas 이온을 쓰는 고정밀도 dry etching이 있다.

6 배선용 다결정 Si 막이나 gate 산화 Si막, 선택 산화 mask의 질화 Si 막의 형성에는 600℃ 전후의 고온에서의 열 CVD(chemical vapor deposition)법이 쓰이고, 질화 Si 막에는 300℃ 정도의 저온에서의 plasma CVD 법으로 형성된다. W 등의 내열 금속이나 Cu 등의 저저항 배선재료, Ta_2O_5등의 고유전체 재료의 박막에도 CVD 법이 쓰이고 있다. Al 배선이나 전극 재료의 박막은 진공 증착이나 sputter등의 PVD 법 등이 쓰이고 있다.

[연습문제]

① 1100℃의 온도로 건조 O_2속에서 wafer의 산화를 하였다. 산화 시간 1시간 후의 산화막 두께를 구하라. 단, 그림7-4의 정수 A와 B를 이용하라.

② 900℃의 수증기 산화로 200nm의 산화막을 형성하는 데 요하는 시간을 구하라.

③ 저항율이 10Ω · cm의 n형 wafer가 있다. 이것에 일정 표면 농도 5×10^{18} cm^{-3}의 boron(B)을 확산시켜 2.7 μm의 곳에 pn 접합을 제작하고 싶다. 1시간에 제작하기 위해서는 어느 온도로 확산해야 할까?

④ P 농도 1×10^{16}cm^{-3}의 n 형 wafer 표면상에 5×10^{15}cm^{-2}의 유한 B 확산원을 증착한다. 확산 정수를 3×10^{-12}cm²/s로 하고, 1시간 후의 접합의 깊이를 구하라.

⑤ P의 이온 implantation에 관하여 peak 불순물 농도 $N_p = 10^{18}$cm^{-3}, 침입 거리 $R_p = 0.3$ μm을 얻는 데 필요한 beam 전류와 전류-시간 곱을 구하라. implantation 면적을 100cm²로 한다.

– 산화의 발견 –

　오늘날의 초집적 회로의 기본구조는 SiO_2/Si로 이루어지는 MOS 형이다. 이 SiO_2/Si 즉, Si의 산화는 누구에 의해 발견되었을까? 이 중요한 발견도 1950년대에 시작한다. Bell 전화 연구소의 기술자에 의해 우연한 실수로 발견되었다. 어느 날, 접합 형성을 위한 확산화로를 조사하고 있을 때 화로 내에 놓인 wafer의 표면이 새파랗게 변색한 것을 찾아내었다. 그 표면을 HF 수용액에 넣었을 때 원래의 빛깔로 되돌아갔기 때문에 wafer 표면이 산화되고 있는 것이 분명하였다. 배관이 고장나서 공기가 화로 내에 역류하여 산화 반응이 진행한 것이었다. 이 발견은 그 후 Fairchild사에서 접합 형성 때의 확산 mask나 표면 보호막으로서 응용하는 planar 기술의 기본 특허가 되었다.

8. 집적 process 기술

앞장에서 산화 확산, CVD, etching 등의 개개의 process기술에 대해서 배웠다. 이것들의 요소 기술을 조합한 일괄 공정을 집적화 process 기술, 또는 total process는 가장 높은 기술이 필요로 하는 MOS memory의 제조 기술의 개발을 중심으로 발달하였다. MOS memory에서는 3년마다 device 치수가 약 0.7배로 미세 가공되는 축소 경험 법칙(scaling 법칙)에 의해 고집적화가 실현되어 왔다. 이것에 의해서 수 mm^2 의 chip내에 10만개의 transistor를 포함하는 LSI (large scale integration), 100만개까지의 VLSI (very large scale integration), 1000만개까지의 ULSI (ultra large 제scale integration)으로 발전하여 간다.

여기서는 우선 npn transistor를 집적한 bipolar LSI device의 제조 process에 대해서 기술하고 마지막으로 n channel MOS 및 CMOS LSI device의 제조 process에 대해서 기술한다.

8-1 bipolar device process

집적 회로에서는 동일 wafer상에 형성된 각각의 transistor를 분리해야 한다. IC의 개발 초기는 면방향과 깊이 방향의 분리는 pn 접합을 써서 n 형

collector에 대하여 p형 base지역이 역방향으로 bias되어있다. 그 후에 열 산화층이 가로 방향의 device 분리에 쓰이고 device 치수가 축소되어 고집적화가 실현되었다.

이 열산화 층을 소자분리에 쓴 bipolar device process에 대해서 그림8-1을 써서 설명한다. bipolar LSI에 쓰이는 transistor는 주로 npn 형이다. 이 이유는 p형 base 영역을 흐르는 소수 캐리어가 전자로서 정공보다 이동도가 커서 고속 동작이 기대되기 때문이다.

우선, 저항율 10Ω·cm의 p형 wafer를 준비하고 그 표면을 산화하여 lithography에 의해 산화막에 필요한 창문을 연다. 그 창문의 부분에 As 이온 implantation 후 1000℃에서 열처리를 하여 매립층을 형성한다(그림8-1(a)). 이 매립층의 형성은 transistor의 collector 저항을 내리기 위해서 시행한다.

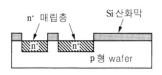

(a) n⁺ 매립확산층

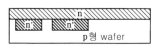

(b) n형 에피택시 성장

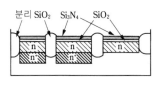

(c) 분리 산화

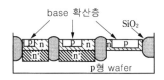

(d) base 층의 확산

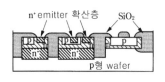

(e) n⁺emitter층 확산

(f) contact hole의 개구 및 Al 배선

그림 8-1 산화 분리형 bipolar device의 제조 process 공정

다음에 산화막을 제거한 후 epitaxial법에 의해서 n형 단결정층을 성장시킨다. 그 두께나 농도는 device 마다 다르다. digital device의 경우는 두께 약 3 μm, 농도는 약 2×10^{16}cm^{-3}이다(그림8-1(b)). 이어서, epitaxial 층의 표면을 얇게(약 50 nm) 산화한 후에 CVD 법에 의해 약 100 nm 두께의 질화막을 형성한다. resist를 써서 소자 사이에 해당하는 부분의 질화막/산화막을 etch하여 열산화를 한다. 이 산화로 개공부에는 두꺼운 산화가 진행되고 소자 분리부가 형성된다(그림8-1(c)). 이 기술은 LOCOS (local oxidation of silicon)라고 부른다.

그 후의 공정은 p형 base층을 형성한다(그림8-1(d)). photo-resist를 mask로 써서 B 이온을 implantation 하고(implantation 량은 약10^{12}cm^{-2}) 열처리에 의해 base 영역을 형성한다. 그 위에 lithography 기술에 의해 고농도의 이온을 implantation하여 n$^+$형의 emitter 영역을 형성한다(그림8-1(e)). 마지막으로 contact용의 구멍을 열어서 Al의 배선을 한다(그림8-1(f)). 이상의 bipolar device 제조 공정에서는 산화막 형성이 6회, 이온 implantation가 4회, lithography가 6회, etching가 4회 행하여진다.

그림8-1에 보인 bipolar device 제조 공정에서는 transistor 외에 diode나 저항이 동시에 형성되어 있다. 그 평면도를 그림8-2(a)에 보인다. 이것에 의해서 diode, transistor와 저항이 접속된 IC 회로가 완성된다 (그림8-2(b)).

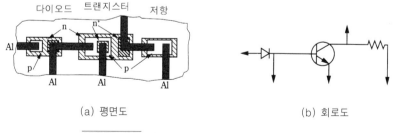

(a) 평면도   (b) 회로도

그림 8-2 간단한 bipolar IC의 평면도와 회로도

8-2 n channel MOS device process

MOS device는 동작 때의 channel층이 n형인 n channel MOS, p형인 p channel MOS와 그것들을 조합한 CMOS (complementary MOS)가 있다. 현재의 주류인 CMOS형 device의 process에 대해서 말하기 전에 그 기본 process인 n channel MOS device의 process에 대해서 소개한다.

n channel MOS transistor의 기본적 구조를 그림8-3에 보인다. 그림8-1에 보인 bipolar transistor에 비교하여 nMOS형은 불순물 농도의 정확한 제어는 필요가 없고 소자 분리는 가로 방향만으로 보다 단순한 구조이다. 이것 때문에 보다 고밀도의 소자 집적이 가능하다.

그림8-3을 써서 nMOS형 transistor의 제작 process에 대해서 설명한다. 이 process에서는 gate 재료로서 다결정 Si가 쓰이기 때문에 Si gate process라고도 한다. Si wafer로서는 면지수(100), B 농도 약 $10^{15} cm^{-3}$의 p형 wafer가 쓰인다. 최초의 process는 소자 분리용의 field 산화막 형성이다. 그 때문에 Si wafer를 산화하여 그 위에 CVD법으로 두께 100 nm의 막을 증착하고 photo-etching에 의해 MOS transistor를 형성하는 부분의 resist를 남긴다(그림 8-3(b)). 이 photo-resist를 mask로 하여 channel stopper용 층형성을 위해서 면적 당 약 $10^{13} cm^{-2}$의 B 이온을 implantation한다.

photo-resist를 제거한 후에 수증기를 쓴 산화를 하여 두께 800 nm의 field 산화막을 형성한다. LOCOS 형성에 사용한 Si_3N_4/SiO_2막을 제거하고 건조 산화에 의해 두께 35 nm의 gate 산화막을 형성한다. 그 후에 문턱 전압값 제어를 위해 $10^{12} cm^{-2}$의 B 이온 implantation를 한다(그림8-3(c)).

그 후에 CVD법으로 P dope의 다결정 Si를 증착하고 photo-lithography에 의해 poly Si gate 전극을 제작한다(그림8-3(d)). 이어서, 약 $10^{16} cm^{-2}$의 고농도 As 이온을 implantation 열처리를 한다. 이 때 다결정 Si gate가 mask가 되기 때문에 정확한 길이의 channel 길이가 형성된다. 이 process를 자기 정렬형 (self-aligned) process라 한다. 이 위에 평탄화를 위해 인 glass(PSG)의 유동화를 이용한 reflow 처리를 하여 PSG 층을 형성한다(그림8-3(e)). dry etching에

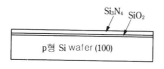

(a) Si₃N₄/SiO₂ CVD막의 형성

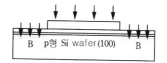

(b) B 이온 주입에 의한 channel stopper의 형성

(c) Field 산화 와 문턱치 제어

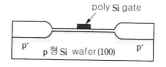

(d) 다결정 Si gate의 형성

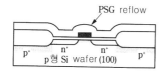

(e) source와 drain 형성과 PSG reflow

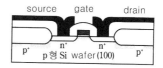

(f) contact hole의 개구 및 Al 배선

그림 8-3 n channel MOS Device 제조 process 공정

의해 이 PSG 막에 구멍을 열어 Al 금속층을 증착한다. 이어서 photo-lithography에 의해 원하는 전극 pattern을 형성하고 최후에 SiO₂/Si의 계면 준위의 감소와 Al 전극과 n⁺층과의 접촉 저항 저감을 위해 ~500℃에서의 수소 anneal을 한다. 이 nMOS process에서는 막형성이 6번, lithography가 4번, 이온 implantation가 3회, etching가 4회 필요로 한다. 그림8-1의 bipolar transistor의 제작 process에 비교하면 lithography를 2회, 이온 implantation를 1회 절약할 수 있다. 이 nMOS process기술을 써서 중요한 memory device인 DRAM (dynamic random access memory)가 제작되고 있다. 그림8-4에 DRAM의 구조를 보인다. 이 구조는 1 transistor와 1 capacitor로 구성되고 transistor는 switch로 작용하여 bit 정보가 capacitor에 전하로 축적된다. 예를 들면, 5V가 computer 연산에 쓰이는 2진법에서의 상태 "1"에 해당하고 0V가 상태 "0"에 해당한다. 그러나, DRAM에서는 capacitor에 축적된 전하가 leak 전류 때문에 수 ms에

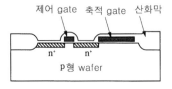

(a) A–A' 단면 구조도

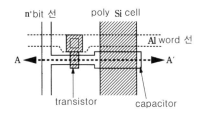

(b) layout 도

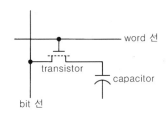

(c) 회로도

그림 8-4 1개의 transistor 및 1개의 capacitor로 구성된 DRAM(Dymanic Random Access Memory)

서 방전하기 때문에 되풀이하여 기억을 써넣을 필요가 있다. 이와 같이 수 ms 마다의 refresh 조작이 필요하지만 구조가 간단하고 집적도가 높기 때문에 대용량 memory에 적합하다. 한편, static RAM에서는 데이타를 축적하데 flip-flop 회로를 이용하므로 장시간의 기억을 할 수 있다. 그 때문에 4개의 MOS transistor가 필요하므로 고집적화에는 불리해진다. 그림8-4(a)은 DRAM 의 단면구조, 그림8-4(b)은 layout, 그림8-4(c)는 회로도이다. 이 DRAM 구조를 제작하는 경우에 우선 제1층의 다결정 Si gate를 제작하여 capacitor의 축적 gate로 사용한다. 그 후, gate 산화막 위에 제2층의 다결정 Si gate를 제작하여 MOS transistor의 제어 gate가 된다. 다른 공정은 그림8-3에 보인 nMOS process 기술과 마찬가지이다.

8-3 CMOS device process

CMOS device는 n channel MOS transistor와 p channel MOS transistor로 구성 된다. 이 2종류의 transistor를 제작하기 위해서 P형 영역(well이라 한다.)과 n 형 영역이 필요하게 된다. 이 두 종류의 transistor를 하나의 Si wafer에 제작 하기 위해서는 lithography 기술에 의해 산화한 Si wafer에 n well에 상당하는 부분의 산화막을 etch하여 As 이온을 implantation한다(그림8-5(a)). 그림8-3에 보인 nMOS process와 같이 소자 분리를 위해 field 산화막을 형성한다(그림

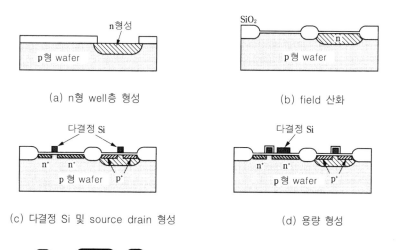

(a) n형 well층 형성

(b) field 산화

(c) 다결정 Si 및 source drain 형성

(d) 용량 형성

(e) contact hole 의 개구 및 Al 배선

그림 8-5 CMOS device의 제조 process 공정

8-5(b)). 그 후에 nMOS 및 pMOS transistor의 다결정 Si gate 및 자기 정렬 기술로 source 및 drain 영역을 제작한다(그림8-5(c)). 이 CMOS 구조에 capacitor를 제작하기 위해서는 그림8-4의 DRAM 소자 제작으로 설명한 2층 다결정 Si gate 제작 process 기술을 쓴다. 최후에는 PSG reflow와 lithography 기술에 의해 contact 구멍 및 Al 배선을 한다.

이 CMOS 구조의 평면도를 그림8-6(a)에, 그 회로도를 그림8-6(b)에 보인다. 이 구조는 CMOS 구조에 capacitor를 접속한 CMOS형으로 되어있다. 이 CMOS 구조에 입력 전압 V_i 이 0의 경우, PMOS는 도통상태, nMOS는 개방상태가 되기 때문에 출력 전압 V_o는 V_{DD}와 같이 된다. 이 상태가 2진법에서의 "1"에 해당한다. 한편, 입력전압이 V_i가 1의 경우, 반대로 pMOS는 개방상태, nMOS는 도통상태가 되기 때문에 출력전압 V_o는 0이 된다. 이 소자를 CMOS inverter라고는 하지만 이 2개의 논리 상태에서는 반드시 어느 쪽인가의 MOS transistor가 개방 상태에 있기 때문에 원리적으로 동작 중에는 전류는 흐름이 없다. 따라서, 소비 전력은 nW로 대단히 작고, 현재의 논리 및 기억 소자의 주류 device 구조로 되어있다.

그림8-6에 보인 nMOS, pMOS 및 capacitor로 구성된 CMOS-LSI를 예로 하여 실제의 제조 공정의 흐름에 대해서 설명한다. MOS-LSI의 전 제조 공정은 그림8-7에 보이는 것같이 lithography 공정을 중심으로 산화나 이온 implantation 공정 등의 각 process가 결합하고 이전 공정에 Si wafer 제조공정, mask 제조 공정 및 조립 공정이 연결된다.

우선, spin coater를 써서 wafer 표면에 photo-resist를 도포하고, 80~85℃에서 30분의 열처리(pre-bake)를 한다. 이어서 1:1 투영 노광 장치(aligner)를 써서 mask 정렬 노광한다. 최신의 장치는 marking에 의해 자동 정렬이 가능하게 되고 있다. 보다 미세 pattern을 형성하기 위해서는 mask 치수를 10:1로 축소하여 photo-resist를 노광할 수 있는 축소 투영 장치를 쓴다. 이 경우는 노광 면적이 작게 되기 때문에 wafer면 상에서 되풀이하여 노광하는 step and repeat가 필요하다. resist에는 positive형 resist, 즉 감광부의 resist가 용해하는 고분자 재료를 이용한다.

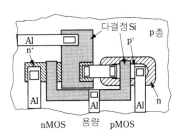

(a) 평면도

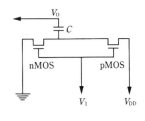

(b) 등가회로

그림 8-6 그림8-5의 평면도와 등가회로도

이어서, 감광한 resist를 현상한다. negative형 resist에서는 현상에서 미노광부의 resist가 용해하고, positive형에서는 노광부가 용해한다. 현상 후에 145℃, 30분의 열처리(post-bake)를 하여, 하지의 wafer와의 밀착성을 향상시킨다. etching 공정에서는, 예를 들면 막의 경우 resist에 덮여있지 않은 부분이 HF의 수용액으로 용해되어 제거된다. etching 기술에는 wet와 dry가 있고, 미세한 pattern의 etching에는 plasma etching이 사용되고 있다.

마지막으로 불필요하게 된 resist를 제거하기 위해서 약품을 쓰거나 산소를 포함하는 plasma 속에서 연소하여 제거한다.

이상이 lithography 공정C의 설명이지만, photo-resist 도포로부터 현상까지의 공정A, photo-resist 도포로부터 etching까지의 공정B 및 resist 제거만의 공정D도 필요에 응해서 쓰인다.

pMOS 용의 n형 well 형성에서는 lithography 공정C를 이용하여 막에 구멍을 뚫어 이온 implantation와 열처리를 한다. 그 후에 두꺼운 field 막 형성을

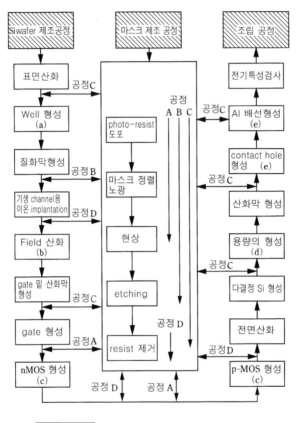

그림 8-7 MOSLSI의 전제조공정의 흐름도

위해 질화막을 증착하고, lithography 공정B에 의해 질화막에 구멍을 뚫고, 기생 channel 방지를 위해 B 이온 implantation 뒤 resist를 제거하여 1000℃에서의 field 산화를 한다. 이어서, 질화막을 제거하고 Si 표면의 산화를 하여 고품질의 gate 산화막을 제작한다. lithography 공정에서 gate부 이외의 다결정 Si를 제거하고, nMOS 이외의 곳을 resist로 덮어 As 이온을 implantation하여 nMOS의 source와 drain을 형성한다.

이어서, resist 제거 후 공정A를 써서 같은 방법으로 pMOS 이외의 곳을 resist로 덮어 B 이온을 하여 pMOS 용의 source와 drain을 형성한다. 그 후에 박막을 제거한 후 wafer 전면의 열산화를 진행하여 capacitor용 막을 동시에 다결정 Si 상에 진행하면 두꺼운 막이 형성된다. 이어서, 다결정 Si 층을 형성 후 lithography 공정C에 의해 capacitor의 pattern 형성을 하고 이어 contact 구멍을 제작한다. 그 위에, Al을 전면 증착하고 공정C로 불필요한 Al을 제거하여 Al 배선 pattern을 형성한다. wafer 전면을 산화막으로 덮어 안정화 (passivation)처리를 한다.

노출한 Al pad부에 바늘 전극을 접촉시켜 LSI의 전기 특성을 검사하여 조립 공정에 보낸다. 조립 공정에서는 scrubbing 기술에 의해 wafer를 절단하여 수 mm^2의 LSI chip를 만들어 case에 mount후 chip의 전극과 case의 전극을 결선하는 bonding을 하고 plastic 재료로 봉지한다. 완성한 case에는 제품의 형명, 제조회사명 등을 인쇄(marking)한다.

8-4 LSI 기술의 동향

1970년에 1 kbit의 IC가 시작된 이래로 1980년대는 일본을 중심으로 64k나 256 k bit LSI의 제조가 행하여졌고 1990년대는 일본뿐만 아니라 아시아 제국이나 미국에서 4 M이나 16 M bit의 ULSI가 제조되었다. 그 놀라운 고집적화의 속도는 수많은 새로운 기술의 개발에 의해 실현되었다. 현재도 기업 사이에서는 심한 기술 개발 경쟁이 펼쳐지고 있다.

LSI 제조기술에 있어서 가장 중요한 기술은 미세 가공 기술이다. 1994년에 미국 반도체 공업회에서는 미세 가공 기술의 예측을 시행하여 그림8-8에 보인 road-map (The National Technology Road-map for Semiconductors)를 정리하였다. 이 road map에 의해 반도체 device 제조회사 및 반도체 장치 제조회사는 장기 계획의 입안이 용이하게 되었다. LSI 미세화의 속도는 「3년마다 1세대」이었다. 즉, 그림8-8에 보이는 직선상의 설계 축소 룰(그림 중의 검은 점), 1998년에 0.25 μm, 2001년에 0.18 μm, 2004년에 0.13 μm을 가정하여 기술 개발을 추진하여 왔다. 그러나, 이 rule을 앞당겨 미세화 기술을 개발하는

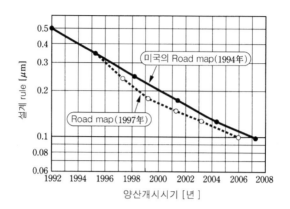

그림 8-8 미국 반도체 공업회가 정리한 미세화 기술의 예측(The National
Technology Roadmap for Semiconductor)

기업이 나타나서 1997년에는 그림 중에 점선으로 가리킨 새로이 앞당긴 road
map으로 수정되었다. 이 pace는 「2년마다 1세대」즉, 1997년에 0.25 μm, 1999
년에 0.18 μm, 2001년에 0.15 μm, 2003년에 0.13 μm에 해당한다. 1998년이
되자 이 road map은 더욱 앞당겨져 2000년에 0.15 μm, 2001년에 0.13 μm로
「매년 1세대」를 개발하고자 하는 기업도 나타나고 있다.

차기 LSI의 개발에는 미세 가공 기술의 개발뿐만 아니라 시험 제작에 관
계되는 모든 기술에 대해서 추진해야 한다. 특히, LSI 개발 기간의 단축은 중
요하고 그 때문에 연구·개발과 시험 제작의 일체화, wafer 반송 system의 고
속화, 시험 제작 line의 자동화나 process 기술의 선행 개발이 진행되고 있다.

선행 process 기술로서 노광 기술과 재료 기술에 대해서 중점적으로 개발
이 진행되고 있다. 표8-1에 1998년부터 2002년까지의 주된 기술 개발 항목을
보인다. 노광 기술로서는 미세 가공 기술의 중심 기술로서 excimer laser 노
광이 KrF gas를 이용하는 excimer laser로 우선 0.18 μm 룰의 개발을 하고,
1999년부터 ArF excimer laser를 쓰는 0.13 μm rule이, 2000년 이후는 F_2
excimer laser를 이용한 0.10 μm의 개발이 목표로 되어 있다. 전자선 노광 기
술에 대해서는 전자선의 파장으로부터 가장 미세한 pattern을 가공할 수 있

그림 8-1 연구개발에서 시행되고 있는 노광 및 재료 기술 항목

시기(년)	1998	1999	2000	2001	2002
노광기술의 개발 (1) Excimer laser 노광 (2) 전자선 노광 (3) X선 노광	0.18 μmKrF	0.13 μm ArF		0.10 μm, F$_2$	
	0.13 μm	0.10 μm		0.07 μm	
	0.1 μm의 검토(등배, 축소)				
재료기술의 개발 (1) 고유전율막 (2) 구리 배선	Ta$_2$O$_5$	BST		신재료	
	도금기술		CVD	좁은 pitch 기술	

기 때문에 오래전부터 개발되어 왔지만 wafer 전면에의 가공속도(throughput 라 한다)가 느린 것이나 장치 cost가 높은 것 등으로부터 부분적으로 채용될 뿐이었다. 장래에는 광 노광 기술이 한계에 가까이 가고 있으므로 전자선 노광 기술이 주류 기술로서 전개하지 않을 수 없을 것 같다. 당면한 1998년 에는 0.13 μm, 1999년에는 0.1 μm, 2001년에는 0.07 μm 기술의 개발이 요청 되고 있다. 한편, X선도 그 파장이 짧은 것으로부터 0.1 μm 이하의 노광 기 술로서 기대되고 있다. 엑스선 노광의 경우는 전자선 노광 기술로 미리 mask를 제작해야 하고, 그 mask를 써서 X선을 조사하여 Si wafer 표면에 필 요한 pattern을 새긴다. X선 노광에서는 등배와 축소 기술에 대해서 연구 개 발이 진행되고 있다.

재료 기술의 개발의 주된 것으로서 고 유전율의 박막과 구리 배선이 검토 되고 있다. 종래는 memory device의 절연막으로서 SiO$_2$막이 쓰이고 박막화 로 용량을 더욱 높여 왔다. 용량은 다음 식으로 표시된다.

$$C = \frac{\varepsilon_0 K}{d} \tag{8-1}$$

여기서, ε_0는 진공의 유전율, K는 절연막의 비유전율, d는 절연막이 두께

이다. 그러나, 막이 얇게 되면 leak 전류가 커지거나 tunnel 전류가 늘어나기 때문에 이론적으로 약 5nm이 한계라고 하고 있다. 최근에는 SiO_2막(K= 3.9)을 대신하여 보다 큰 유전율을 갖는 박막을 사용하는 연구 개발이 열심히 진행되고 있다. 각종의 고유전율의 박막이 연구되고 있지만 1998년까지 응용되어 온 박막은 TiO_2(K=22)이다. 막 제작법으로서 spin coat법이나 CVD 법이 쓰이고 있다. 1999년에는 더욱 유전율이 높은 BST((BaSr)TiO_3)재료(K=수백의 order)의 채용이 기대되고 있다.

또한, 배선의 미세화에 따라 electro-migration의 문제가 생기는 것이 걱정된다. electro-migration란 배선내의 전류 밀도가 대단히 높으면 흐르는 전자의 충돌에 의해 배선 내의 금속 원자가 움직이는 현상이고 이 현상에 의해 배선이 가늘게 되거나 단선을 야기한다. 이것을 방지하기 위해서는 배선 재료를 Al에서 Cu로 바꿀 필요가 있고 약 10배의 electro-migration 내성을 기대할 수 있다. Cu는 Al보다 30% 저저항이므로 배선 지연을 작게 될 가능성이 있고, 배선 cost의 저감도 가능하다. 한편, 해결해야 할 과제도 많다. 예를 들면, Cu는 확산하기 쉬워서 transistor 특성을 열화시키는 등 신뢰성의 저하를 가져오는 문제가 있고, 또한 고품질의 막형성이나 미세 가공이 어렵다.

막 형성법으로서 전해 도금 기술이 개발되어 장래의 CVD 기술로 검토된다고 생각되고 있다. 2000년 이후는 배선의 더욱 좁은 pitch에 대응하는 기술의 개발이 필요하다.

POINT

1 집적회로에서는 동일 Si wafer상에 형성된 개개의 transistor를 분리해야 하지만 면방향과 깊이 방향의 분리에서는 역방향 bias의 pn 접합을 쓰고, 가로 방향의 device 분리는 SiO_2 열 산화층을 써서 산화물 분리형 bipolar device가 고집적화된다.

2 간단한 bipolar integrated circuit의 제조 공정에서는 우선 p형 wafer 위의 n^+ 매립 확산, 이어서 n 형epitaxial 층 성장, 분리 확산, base층의 확산, n^+ emitter층의 확산, contact hole의 개구와 Al 배선의 각 공정을 거쳐, p형 wafer의 내에 SiO_2로 소자 분리된 diode와 transistor, 저항 등의 소자가 형성되고 각각 p 형 wafer의 표면에서 Al 배선으로 접속되어 IC 회로를 구성할 수 있다(그림8-1 ~ 그림8-2).

3 n-channel MOS device는 우선 p 형 Si wafer (100)위의 CVD 2층막 Si_3N_4/SiO_2의 형성, 붕소 이온 implantation에 의한 channel stopper의 형성, field 산화와 문턱 전압값 제어, 다결정 Si gate의 형성, source와 drain 형성과 PSG reflow, contact 구멍의 개구와 Al 배선의 각 공정을 지나서 제조된다(그림8-3).

4 DRAM 구조는 p형 wafer의 내에 bit선으로 이어지는 source의 n^+ well과 capacitor의 하부 전극에 이어지는 drain의 n^+ well을 형성하고, 그 위에 첫째 층의 다결정 Si gate를 제작하여 1개의 capacitor의 축적 gate로 하고, 이어서 gate 산화막 위에 제2층의 다결정 Si gate를 형성하여 MOS transistor의 제어 gate를 제작한다(그림8-4).

5 CMOS device는 우선 p 형 wafer 내에 n 형 well 층을 형성하고 소자 분리를 위해 field 산화, 다결정 Si gate 및 source · drain형성, capacitor형성, contact hole의 개구와 Al 배선의 각 공정을 지나서 제조된다 (그림8-5 ~ 그림8-6).

6 transistor는 1947년에 미국의 AT&T Bell 연구소에서 transistor가 발명된 이래, Moore의 법칙에 따라서 3년에 4배의 speed로 미세 가공 기술의 진보에 의해 고집적화되고 있다. 이 결과로 민생용 · 산업용 전자 기기나 system 기기에 조합되어 오늘 제품의 소형화 경량화, 고기능화, 고신뢰화, 저소비전력화, 저가격화를 가져왔다.

[연습문제]

① nMOS transistor에 관하여 다음 점에 대답하라.
(1) (100)가 쓰이는 이유는 무엇인가?
(2) 자기 정렬형 gate의 제작법을 기술하라.

② 면저항이 1kΩ/sq의 Si wafer 상에 1 μm의 선폭으로 2 μm pitch 때의 선의 저항값은 얼마일까?

③ well형 CMOS 구조의 단면도를 그려라.
(1) n well용 이온 implantation.
(2) well용 drive-in 확산
(3) p^+형 source drain의 이온 implantation,
(4) n^+형 source · drain의 이온 implantation .

④ Si wafer상에 두께 0 · 5 μm의 SiO_2막을 형성한 후, 0.5 μm 두께의 Al의 RC 곱을 구하라. 금속막의 길이와 폭은 1 cm와 1 μm로 한다. 금속의 저항률은 10^{-5} Ω · cm.

쉬
어
가
는
코
너

– Moore의 법칙 –

  1959년 미국의 Fairchild Semiconductor사에서 transistor와 다른 회로 소자를 전기적으로 집적한 집적 회로가 고안되어 1964년에 32 bit의 집적 회로가 제조되었다. 이후에 현재까지 30년간 배의 배 game이 계속되어 오늘의 digital 정보화 사회를 이루어 왔다. 이 배의 배 game를 처음으로 예측한 것은 1964년 당시 Fairchild Semiconductor사의 연구 부장이던 Gordon Moore 씨였다. Moore 씨는 electronics지의 취재로 10년 뒤의 1975년에 집적도는 어느 정도 증가할지의 질문을 받았다. 그는 집적도는 매년 2배로 불어나 10년 뒤에는 65000 bit의 집적 회로가 실현되리라 예상하였다. 10년 뒤, 그 예측이 적중하여 65 Kbit의 IC가 제조되었다. 이후의 해마다의 집적도의 향상을 「Moore의 법칙」 이라고 한다.

9. 광물성과 device

반도체의 광학적 성질을 응용하는 device로서 이미 제5장과 제6장에서 태양 전지나 photo-diode등의 광 에너지를 전기 에너지로 변환하는 device에 관해서 개요를 학습하였다. 이와 반대로 전기 에너지를 광 에너지로 변환하는 device도 있다. 대표적 예가 반도체 laser나 발광 diode이다. 그것들의 구조나 제법을 언급하기 전에 반도체의 광학적 성질의 기초에 관해서 학습한다.

9-1 광학의 기초

광이란 파장 약 $0.03\ \mu m$의 자외선으로부터 약 $10\ \mu m$의 적외선까지, 주파수로는 10^{16}로부터 10^{11} Hz까지의 전자파이다. 광 에너지 E를 진동수 ν로 표시하면

$$\lambda(\mu m) = \frac{c}{\nu} = \frac{hc}{h\nu} = \frac{1.24}{E\,[\,eV\,]} \tag{9-1}$$

굴절률 n에서의 광의 속도 v는

$$v = c/n \tag{9-2}$$

로 정의되고 있다. 진공 속에서는 $n=1$이고 $v=c=3.0\times10^{10}$ cm/s가 된다. 굴절율을 복소수 표현하면

$$n = n_0 + j\chi \tag{9-3}$$

이 된다. χ는 소멸계수(extinction coefficient)로 흡수계수(absorption coefficient) α와의 관계는 다음 식으로 표시되고

$$\alpha = \frac{2\omega\chi}{c} = \frac{4\pi\chi}{\lambda} \tag{9-4}$$

ω는 각주파수로서 진동수와 $\omega=2\pi\nu$의 관계가 있다.

흡수계수는 광의 강도가 감소하는 비율이기 때문에 식(9-5)으로 정의된다.

$$\alpha = -\frac{dI(x)}{I(x)dx} \tag{9-5}$$

따라서, 흡수 계수의 단위는 [cm^{-1}]이다.

그림9-1에 보이는 것 같이 반도체 표면에서의 광 입사 강도를 I_0로 하면 거리 x에서의 광의 강도 $I(x)$ 는 식(9-5)을 적분하여

$$I(x) = I_0\exp(-\alpha x) \tag{9-6}$$

가 된다.

광이 거리 $1/\alpha$를 진행하면 광의 강도는 2.7분의 1로 감소한다. silicon의 경우는 파장 600 nm에서의 흡수 계수는 약10^4 cm^{-1}이기 때문에 광의 강도가 $1/e$로 감소하는 거리는 1 μm에서 파장 800 nm는 10 μm이 되고 가시광은 silicon wafer 내에서 충분히 흡수되는 것을 알 수 있다.

한편, 반도체 표면에서의 광 반사율 R은 굴절율 n_0와 소멸 계수 χ를 써서

$$R = \frac{(n_0-1)^2+\chi^2}{(n_0+1)^2+\chi^2} \tag{9-7}$$

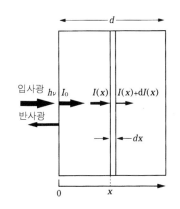

그림 9-1 반도체에서의 광흡수와 반사

가 된다. 파장 600nm에서의 silicon의 굴절율은 약 4, 소멸 계수는 거의 0이기 때문에 $R = 0.36$이 된다.

9-2 반도체에서의 광 흡수

반도체에 광(photon)이 입사하면 광은 일부가 반도체 표면에서 반사되고 나머지는 흡수된다. 반도체에서의 광 흡수에는 그 에너지가 band gap의 에너지보다 큰 band 간 흡수와 band 내 흡수가 있다.

(i) band 간 흡수

band 간 흡수는 가전자대와 전도대 사이의 천이에 의해 반도체 내부에 전자-정공 쌍을 형성한다. 이 band 간 흡수에는 반도체의 band 구조에 의해 직접 천이형과 간접 천이형의 흡수 천이가 있다. 직접 천이형에서의 광 흡수는 그림3-12의 GaAs 반도체의 band 구조로 보이는 것 같이 같은 파수에서 일어나기 때문에 흡수 계수의 값은 크다. 흡수 계수는 제3장에서 보인 상태밀도에 비례하기 때문에 $\sqrt{E}$에 의존하고 다음 식으로 표시된다.

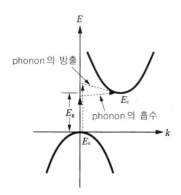

그림 9-2 간접 천이형 반도체에서의 캐리어 천이

$$\alpha = A(h\nu - E_g)^{1/2} \tag{9-8}$$

$$A \approx \frac{q^2(2m_r)^{3/2}}{nch^2 m_e^*} \tag{9-9}$$

m_r는 환산 질량이라고 부르고, $m_r = \left(\dfrac{m_e^* m_h^*}{m_e^* + m_h^*} \right)$, 여기서, $n = 4$, $m_e^* = m_h^* = m_0$ 으로 하면, A$= 2 \times 10^4 \mathrm{cm}^{-1}$이 된다.

silicon 반도체는 그림3-11에 보이는 것과 같이 공간에서 가전자대의 극대치와 전도대의 극소치가 일치하지 않는 간접 천이형이다. 그 때문에 직접 천이는 일어나지 않고, 그림9-2에 보인 phonon을 사이에 둔 천이가 된다. 이 그림에서는 phonon을 방출하는 경우와 흡수하는 2개의 과정이 묘사되고 있다. 이 간접 천이형의 흡수 계수는 입사 에너지가 금지대폭보다 큰 경우에 식(9-10)으로 표시된다.

$$\alpha \propto (h\nu - E_g)^2 \tag{9-10}$$

silicon의 흡수 계수를 그림9-3에 보인다. 파장 0.5 μm 이상의 장파장 측에서는 흡수 계수는 서서히 변화하고 있고 간접 천이형이다. 파장이 0.5 μm 이하와 고에너지 측이 되면 흡수 계수가 급격히 증대하고 있다. 이것은 보다 높은 에너지 band의 직접 천이가 일어나기 시작하기 때문이다.

(ii) band 내 천이

금지대 폭보다 작은 에너지로 흡수가 생기는 현상으로서 자유 캐리어에 의한 흡수와 여기자 (exciton)에 의한 흡수가 있다. 자유 캐리어에 의한 광 에너지의 흡수는 고농도로 doping된 반도체에서 일어나고 전도대내의 전자가 광에너지를 흡수하여 보다 높은 에너지 상태로 천이하는 것에 의해 생긴다.

가전자대의 정공과 전도대의 전자는 각각 반대의 전하를 갖기 때문에 Coulomb 힘으로 서로 강하게 속박하는 경우가 있다. 이 상태를 여기자라 한다. 여기자의 속박 에너지는 작기 때문에 실온에서는 해리하여 버리지만 저온에서는 안정하게 존재하여 관측할 수가 있다.

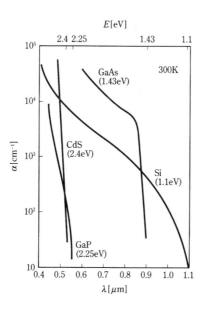

그림 9-3 주요 반도체의 광흡수 계수

9-3 광전도 효과

반도체에 광을 조사하면 가전자대의 전자가 전도대로 여기되고 동시에 가전자대에 정공이 생겨 전도율이 증가한다. 이 현상을 광전도 효과(photo-conductive effect)라고 한다. 시료의 두께 d, 조사하는 광 강도를 I_0라 하면, 광 흡수량은 캐리어 발생량 G가 되기 때문에

$$G = \int_0^d - dI(x) = \int_0^d \alpha I(x)dx = \int_0^d \alpha I_0 \exp(-\alpha x)dx$$
$$= I_0\{1 - \exp(-\alpha d)\} \tag{9-11}$$

가 된다. 여기서, 광 조사에 의해 반도체 내부에 균일한 전자-정공 쌍이 생성하였다고 하면, 전도율의 증가분은

$$\triangle \sigma_{ph} = \sigma_{ph} - \sigma_d = q\{(n + \triangle n)\mu_e + (p + \triangle p)\mu_h\} - q(n\mu_e + p\mu_h)$$
$$= q(\triangle n\mu_e + \triangle p\mu_h) = qG_0\tau(\mu_e + \mu_h) \tag{9-12}$$

가 되고, σ_{ph}는 광전도율, σ_d은 암전도율이라고 한다. 캐리어 농도가 대단히 작은 진성 반도체의 경우는 이 광전도율과 암전도율의 비는 4자리수로부터 7자리수로 커진다. 특히, 광의 강도의 검출에 쓰이고 있는 device를 photo cell이라고 하고, 가시 영역에서는 CdS나 CdSe, 적외선 영역에서는 PbS나 PbSe 등이 쓰이고 있다.

식(9-11)을 식(9-12)에 대입하여, 캐리어의 수명을 τ로 하면,

$$\triangle \sigma_{ph} = qI_0\tau(\mu_e + \mu_h)\{1 - \exp(-\alpha d)\} \tag{9-13}$$

가 얻어진다. 이 식으로부터 구해지는 $\mu\tau$ 곱에 의해서 반도체의 질을 평가하는 데 쓰이고 있다.

9-4 광기전력 효과

pn 등의 접합을 갖는 device에 광을 조사하면 기전력이 생긴다. 이것을 광기전력 효과(photovoltaic effect)라 한다. pn 접합을 포함하는 device를 쓰는 것에 의해, 광 에너지를 전기 에너지로 변환할 수가 있다. 그림9-4에 보이는 것 같이 우선 광자가 반도체 층으로 흡수되어 전자-정공 쌍이 형성된다.

생성된 전자 및 정공은 확산하여 접합에 도달하여 n 형 및 p 형 층으로 흘러들어와 광전류가 된다. 이 광전류의 방향은 pn 접합에 대하여 역방향이다. 따라서, 태양 전지의 전류-전압 특성은 그림9-5와 같이 표시된다. 이 특성은 면적 $4cm^2$의 Si 태양 전지로 얻어진 것으로 전압 0일 때의 전류(단락전류, Short circuit current : I_{sc})는 120mA, 전류 0일 때의 전압(개방전압, Open-Circuit voltage : V_{oc})은 0.6V 이다. 이 단락 전류의 값은 맑은 날의 태양광 에너지의 광의 강도($100\ mW/cm^2$)에서 측정한 것이다.

태양 전지는 pn diode이기 때문에 식(6-5)에 음의 광전류 밀도(J_L)를 대입하여

$$J = J_0\left\{ \exp\left(\frac{qV}{k_B T} \right) - 1 \right\} - J_L \tag{9-14}$$

의 전류 밀도-전압 특성이 얻어진다. 이 식에 $J=0$를 대입하면 다음 개방 전

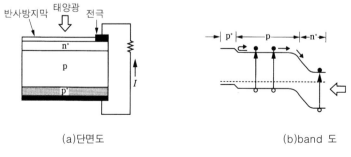

(a)단면도　　　　　(b)band 도

그림 9-4 n^+pp^+형 태양전지의 단면구조와 band도

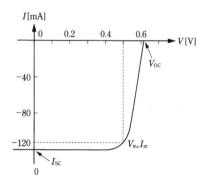

<u>그림 9-5</u> 태양광 조사 아래에서의 태양전지의 전류-전압 특성(면적:4cm^2,
광강도 100mW/cm^2, AM 수: 1.5)

압의 식이 얻어진다.

$$V_{OC} = \frac{k_B T}{q} \ln\left(\frac{J_L}{J_0} + 1\right)$$ (9-15)

태양 전지로부터의 출력 에너지는 다음 식의 전류 밀도와 전압의 곱이다.

$$P = J \times V = J_0 V\{\exp(qV/k_B T) - 1\} - J_L V$$ (9-16)

그 곱의 최대 출력은 $dP/dV = 0$의 때에 그 최대전압(V_m)은,

$$V_m = \frac{KT}{q} \ln\left\{\frac{J_L/J_0 + 1}{qV_m/k_B T} + 1\right\} \cong V_{OC} - \frac{kT}{q} \ln(qV_m/k_B T - 1)$$ (9-17)

이 된다. 최대 전류 밀도를 J_m으로 하면 태양 전지의 power 변환 효율(η)는

$$\eta = \frac{J_m \times V_m}{p_{in}} \times 100[\%]$$ (9-18)

이 된다. P_{in}은 입사하는 태양광 에너지 밀도이다. 변환 효율은 다음 식으로
표시된다.

$$\eta = \frac{J_{SC} \times V_{OC} \times FF}{P_{in}} \times 100[\%] \qquad (9\text{-}19)$$

여기서, FF는 곡선 인자라고 부르고 다음 식으로 표시된다.

$$FF = \frac{V_m \times J_m}{V_{OC} \times J_{SC}} \qquad (9\text{-}20)$$

이 FF는 식(6-7)에 포함하고 있는 직렬저항 R_s 나 병렬저항 R_{sh} 의 영향을 받는다. 이상적으로는 $R_s = 0$ 에서 $R_{sh} = \infty$ 일 때 최대의 값을 갖고 0.85가 되지만 통상의 태양 전지에서는 0.75~0.80이다.

태양 전지용 반도체로서는 bulk 결정 Si가 주류로 단결정에서 최대 변환 효율 24%가 얻어지고 있다. 대면적으로 저 cost의 실용 level로서는 단결정 Si에서 18%, cast법으로 제작한 다결정 Si에서 15% 이다. 최대의 변환 효율은 제10장에서 말하는 InGaP/GaAs형 2층 태양 전지로 약30%의 값이 발표되어 있다.

저 cost 태양 전지로서는 amorphous Si나 CuInSe$_2$ 등의 박막형 태양 전지가 주목을 끌고 연구 개발이 진행되고 있다.

9-5 발광 천이

그림9-6에 보이는 것 같이 반도체에 광이 입사하면 광 에너지를 흡수하여 가전자대에서 전도대로 전자가 천이한다. 천이한 전자는 반대로 전도대로 되돌아갈 때 광 에너지를 방출한다. 이 천이를 자연 방출이라고 한다. 이것을 응용한 device가 발광 diode이다. 한편, 여기 상태에 있는 전자에 band 폭과 같은 에너지를 갖는 광을 입사하면 천이는 강화되고 band 폭과 같은 에너지를 갖는 광이 방출된다. 이것을 유도 방출이라고 하고 laser diode의 원리이다.

발광 diode에서는 pn 접합에 순방향 전압을 가하면 캐리어가 주입되어 p형

층에 전자의 과잉 캐리어, n 형 층에는 정공의 과잉 캐리어가 생긴다. 이들의 과잉 캐리어는 각각 정공 또는 전자와 재결합하여 광 에너지를 방출한다. 재결합 과정에는 band 간의 자유 전자와 자유 정공과 재결합하는 과정과 band 내의 재결합 준위에 포획된 캐리어와 재결합하는 과정이 있다. 일반적으로 재결합 중심이 깊은 준위에 있으면 비발광성 재결합이 된다. 발광성 (radiative) 및 비발광성(non-radiative)의 재결합 속도를 각각

$$U_r = \frac{\Delta n}{\tau_r} \tag{9-21}$$

$$U_{nr} = \frac{\Delta n}{\tau_{nr}} \tag{9-22}$$

로 한다. 여기서, Δn는 과잉 전자농도, τ_r는 발광 수명, τ_{nr}는 비발광 수명이다. 발광 효율은 광을 발하고 재결합하는 비율로 식(9-23)으로 써진다.

$$\eta = \frac{U_r}{U_r + U_{nr}} = \frac{1}{1 + \tau_r/\tau_{nr}} = \frac{\tau}{\tau_r} \tag{9-23}$$

$$\frac{1}{\tau} = \frac{1}{\tau_r} + \frac{1}{\tau_{nr}} \tag{9-24}$$

이 발광 효율 η에 접합에서의 전류 주입 효율 γ를 곱한 $\eta\gamma$을 내부 양자 효율(internal quantum efficiency)라고 한다.

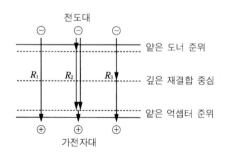

그림 9-6 생성된 캐리어의 재결합 과정

발광 diode에서 중요한 parameter는 외부에 광으로 나오는 효율, 즉 외부 양자 효율 (external quantum efficiency)이다. 이것은 발광한 에너지의 결정 내부에서의 흡수나 반사등 때문에 내부 양자 효율보다 꽤 작은 값이 된다. 특히, 반도체 표면에 도달한 광은 반도체와 공기의 사이의 큰 굴절율 차이 때문에 외부에 나가기 어렵다. 광의 전반사가 일어나는 각도는 임계 각도라고 부르고 다음의 식으로 표시된다.

$$\sin \theta_c = \frac{1}{n} = \frac{1}{\sqrt{K_s}} \tag{9-25}$$

여기서, n는 반도체의 굴절율이다. 이 식은 Fresnel의 식으로부터 만들어지지만 경계각 θ_c보다 큰 각도로 입사하는 광선은 전부 반사되어 외부로 나가지 못한다. 발광하는 반도체의 굴절율은 3.3으로부터 3.8이기 때문에 θ_c는 15~18°이 된다. 경계각의 범위 내에서 입사하는 광에 대하여 외부로 나가는 부분은 광학이론으로부터 근사적으로

$$T = \frac{4n}{(1+n)^2} \tag{9-26}$$

가 된다. 따라서, 입체각 θ_c내에서의 전체 광방출은

$$\overline{T} = T \sin^2 \frac{\theta_c}{2} \tag{9-27}$$

가 된다. 이 식을 이용하면 외부양자효율과 내부양자효율의 관계는 다음의 식으로 표시된다.

$$\eta_{ext} = \frac{\eta_{int}}{1 + \overline{\alpha} x_j / \overline{T}} \tag{9-28}$$

여기서, $\overline{\alpha}$는 평균흡수계수, x_j는 접합의 깊이이다.

POINT

1 광의 파장 600nm 시의 silicon의 단결정의 흡수 계수가 약 $10^4 cm^{-1}$이기 때문에 이 광이 silicon 내를 진행하여 광강도가 $1/e$로 감소하는 거리는 $1 \mu m$, 파장 800nm에서는 $10 \mu m$ 이다. 이와 같이 가시광은 silicon wafer에 흡수되는 것을 알 수 있다. 또한, silicon의 굴절율은 약 4로, 또한 소멸 계수는 0이므로 silicon 표면에서의 파장 600nm의 광의 반사율은 0.36이 된다(그림9-1).

2 silicon의 예에서 반도체에 광(photon)이 입사하면 광은 일부가 반도체 표면에서 반사되고 나머지는 흡수된다. 반도체에서의 광 흡수에는 그 에너지가 band gap의 에너지보다 큰 band 간 흡수와 band 내 흡수가 있다.

3 반도체에 광을 조사하면 가전자대의 전자가 전도대로 여기되고 동시에 가전자대에 정공이 생겨 전도율이 증가한다. 이 현상을 광전도 효과라고 한다. 광의 강도 검출에 쓰이는 device를 photo cell이라고 하고 가시광의 검출에는 CdS나 CdSe, 적외선의 검출에는 PbS나 PbSe의 photo cell이 쓰인다.

4 광검파 즉 광신호를 전기신호로 변환하는 것에 photo-diode가 있다. pn 접합에 광을 조사하면 기전력이 생긴다. 이것을 광기전력 효과라고 한다. 이것은 광 에너지를 전기 에너지로 변환할 수가 있다. pn 접합에 입사한 광의 에너지가 전자와 정공을 생성시켜 접합의 p 측에 양전극, n 측에 음전극을 이어 부하에 전기 에너지를 끌어내게 하는 것을 태양 전지라고 한다(그림9-4, 9-5). 태양 전지용 반도체의 최대 변환 효율은 bulk인 단결정 Si에서 24%, 저 cost의 실용의 것으로 18%, 다결정 Si에서는 15%이다.

5 pn 접합에 순방향 bias를 걸면 p측에 전자, n측에 정공의 과잉 소수 캐리어가 주입되고 이 과잉 소수 캐리어가 접합 부근에서 재결합하여 소멸할 때 소수 캐리어가 갖는 에너지 $h\nu$ (h :Plank 상수)가 광으로 자연 방출된다. 이것이 발광 다이오드이다. 방출되는 광의 파장 λ은 금지대폭 $E_g = h\nu = hc/\lambda$(여기서 c는 광속)과 같기 때문에 금지대폭을 증가시키는 것에 의해 파장이 긴 광으로부터 짧은 광까지 발광시킬 수 있다.

6 문턱값 전류 밀도 이하의 전류를 pn 접합에 순방향에 흘렸을 때는 최초 자연 방출광에 의한 발광이 지배적이지만 문턱값 이상으로 충분히 큰 전류가 흐르면 광이 유도 방출되어 광 출력이 급격한 증가하는 laser 발진 상태가 되기 때문에 이것을 굴절율에 의해 거울 반사와 같이 가둬 광을 증폭시키는 것에 의해 실온 연속 발진시킬 수 있다. 이것이 반도체 laser diode이다.

[연습문제]

1) Si 및 GaAs에서 전자-정공 쌍을 발생하는 광원의 최대 파장을 구하라.

2) 550 및 680 nm의 파장의 광자 에너지는 얼마일까?

3) 면적 4cm²의 n⁺p 접합형의 Si 결정 태양 전지가 있다. 태양광 아래에서 140 mA의 광전류가 흘렀다. (1) diode의 역방향 포화 전류 밀도, (2) 태양 전지의 전류 밀도-전압 특성, (3) 개방 전압, (4) 곡선 인자 및 (5) 변환 효율을 구하라. 단, $N_d = 5 \times 10^{18} \text{cm}^{-3}$, $\tau_n = 0.1\,\mu\text{s}$, $N_a = 10^{16}\text{cm}^{-3}$, $\tau_p = 10\,\mu\text{s}$이다.

4) 다음 parameter를 갖는 GaAs 발광 다이오드가 있다.
$\eta_{int} = 80\%, \overline{\alpha} = 10^3 \text{cm}^{-1}, x_j = 10\,\mu\text{m}$
(1) 외부 양자 효율을 구하라.
(2) 굴절율 1.8의 dome 상 엑폭시 수지를 쓴 경우에 외부 양자 효율은 얼마인가?

– 태양전지 –

태양 전지는 광 에너지를 전기 에너지로 변환하는 반도체 device이고 전기를 저장하는 전지가 아니다. 영어로는 solar cell이고 cell은 벌집의 1개 또는 세포의 1단위를 의미한다. 1개로는 전압이 1 V 정도로 낮기 때문에 다수 직렬로 접속하여 필요한 전압을 얻는다. 그 연구 개발이 시작된 것은 반도체의 연구가 시작된 시기와 거의 일치하고 있고 최초의 논문은 1954년의 Bell 전화 연구소의 Chapin 등에 의해 발표되었다. 당시의 개발은 인공 위성용의 전원으로 쓸 목적으로 실시되었다. 그 후에 1974년의 석유 위기 이래 지상용의 clean 에너지를 개발할 목적으로 각종 태양 전지의 연구 개발이 추진되었다. 1990년이 되어 주택용의 태양 전지 system(태양광 발전 photovoltaics라 한다)이 경제적으로 성립하게 되어 보급이 시작되었다.

10. III-V 화합물 반도체와 device

III-V족 화합물 반도체는 Si 반도체에 비교하여 수많은 특징이 있다. 그 band 구조는 제3장에서 말한 것같이 직접 천이형이고 이 때문에 캐리어의 이동도가 커서 고속 device에 응용하는 반도체이고 또한 주입한 캐리어가 유효하게 광 에너지로 변환된다. 재료로서는 GaAs 외에 금지대 폭이 다른 GaP, InP, InSb, GaN 등의 화합물 반도체와 그것들을 조합한 AlGaAs, 및 InGaP 인 혼합 결정 반도체 및 AlGaAs/GaAs나 InGaP/GaAs 등의 hetero 접합형 반도체 등이 있다.

device 응용으로서는 Si 반도체로서는 곤란한 발광 다이오드 (LED; light emitting diode)나 반도체 laser (LD; laser diode)등의 발광 device 및 FET (field effect transistor)나 HEMT (high electron mobility transistor)등의 초고주파 device등이 있다. 이 장에서는 이들의 device를 제작하기 위한 결정 성장 방법, 물성 및 device 응용에 관해서 학습하다.

10-1 GaAs 기판의 제조

화합물 반도체 device를 제작하기 위해서는 우선 epitaxy 기술을 써서 GaAs

기판 상에 AlGaAs/GaAs 등의 hetero구조를 성장한다. GaAs 기판은 수평 Bridgeman법(HB: Horizontal Bridgeman)와 LEC(1iquid encapsulation Czochralski)법으로 제조되고 있다. HB 법은 boat 성장법이라고도 하며 온도 기울기를 갖는 수평으로 유지한 석영 boat내에 GaAs를 넣어 전기로를 이동하며 GaAs 단결정의 성장이 행하여진다. HB 법에는 2온도법, 3온도법이나 온도 경사법이 있다. 대형 단결정의 성장은 그림10-1에 보인 3온도 HB 법으로 제조되고 있다. GaAs 종결정을 갖는 GaAs 용융액을 1245~1270℃로 유지하고 As는 605~620℃의 온도로 유지하여 GaAs 단결정으로부터의 As 결손을 방지한다.

대형 단결정을 성장하기 위해서는 성장축 방향의 온도 기울기(그림10-1의 수평방향)및 상하 방향의 온도 기울기를 1~50℃에서 제어하는 것이 중요하고 이것에 의해 GaAs 단결정 내의 전위가 감소하여 전위 분포도 균일하게 된다. 이 온도 기울기는 뒤에 말하는 LEC에서의 온도 기울기 20~150℃보다 현저히 작아 양질의 결정을 얻을 수 있는 원인이 되고 있다. 단결정의 성장축 방향은 <111>방향에서 <100>의 성장은 곤란하다. <100>의 결정면을 얻기 위해서는 <111>결정을 비스듬히 절단한다. 그 결과 결정 wafer의 형상은 U 형이 된다. 또한, 성장속도는 2~5mm/hr에서 크기 3 inch로 길이 1m의 대형 결정이 제작되고 있다. HB 법은 오래된 방법이지만 높은 결정 품질이 얻어지고 또한 성장이 간단하기 때문에 현재에도 사용되고 있다.

그러나, HB 법에 의한 GaAs 결정의 성장에서는 석영 boat가 사용된다. 그 때문에 GaAs 결정 내에 Si가 불순물로 혼입한다. 통상, 약 $10^{15} cm^{-3}$의 농도의 Si가 포함되고 n형의 결정으로 된다. 이 Si의 혼입을 감소시키기 위해 Ga-As 용융액에 As_2O_3를 첨가하여 성장을 한다. 이 As_2O_3로 부터 용융액에 O가 공급되어 다음 반응으로 용융액 중의 Si가 감소하여 GaAs 중의 Si 혼입도 감소한다.

$$Si(容融液) + 2O(容融液) \quad \rightarrow \quad SiO_2 \qquad (10\text{-}1)$$

O 첨가의 결과 $10^{12} cm^{-3}$로 약 3자리수의 Si 농도를 감소시킬 수 있었다.

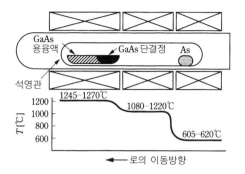

그림 10-1 GaAs 단결정 성장을 위한 수평 Bridgeman법과 로의 온도 분포

　GaAs 결정 내의 전위 밀도는 통상 수천 cm^{-2}이지만 불순물 경화 현상을 이용하면 저전위화가 가능하다. 예를 들면 Si dope 결정의 경우, 농도를 $10^{18}cm^{-3}$ 이상으로 높이면 전위 밀도는 급격히 저하한다. 그러나, 대형 결정에서는 이 불순물 경화 현상을 쓰더라도 $1000\ cm^{-2}$이하로의 저전위화는 어렵다.

　GaAs에서 FET나 HEMT device를 제작하는 경우는 반절연성 wafer가 필요하다. 반절연성 wafer를 제작하기 위해서는 GaAs에 1ppm 이하의 Cr와 O를 doping한다. Cr의 doping에 의해 band 내에 깊은 준위가 형성되어 저항율이 약 $10^{8}\ \Omega \cdot cm$로 반절연성의 특성이 얻어진다. 또한, O는 먼저 말한 것 같이 GaAs 결정 내의 Si의 혼입을 저감시켜 저농도의 Cr에서 반절연성 결정이 얻어진다.

　한편, HB 법으로 제조되는 GaAs 단결정의 형상은 U 상으로 Si wafer 같은 구형이 아니다. LSI 응용을 생각하면 Si wafer와 같은 장치를 사용하여 구형 wafer의 제작이 요구된다. 그러나, GaAs를 Si과 같은 Czochralski법으로 성장하면 GaAs가 고온에서 분해하기 때문에 분해 또는 As 결손을 억제하기 위해서 GaAs 용융액에 두께 1 cm의 B_2O_3 용융액을 덮어 압력 10~15 기압의 고압으로 성장을 한다. 그 때문에 이 성장 방법은 LEC (liquid encapsulation Czochralski)로 부르고 있다. 문제는 성장 중의 결정 부근의 온도 기울기가 크고 전위 밀도는 약 $10^4 cm^{-2}$로 HB 법으로 제작한 결정에 비해 1자리수 이상 높다는 것이다. 결정 품질을 개량하는 방법으로 In 첨가 방법이 알려지고 있다. 이 방법은 전번의 불순물 경화 현상을 이용하는 것으로 저항율을 변화시키지 않은 III족 원소를 약 $10^{19} cm^{-3}$ 첨가한다. 이 In 첨가에 의해 저항율을 그대로 유지한 채로 전위 밀도를 $100 cm^{-2}$ 이하로 감소할 수가 있다.

10-2 epitaxiay 성장기술

에피택시 성장법에는 액상 에피택시법 (LPE; liquid-phase epitaxy), 기상 에피택시법 (VPE; vapor-phase epitaxy), 유기 금속 기상 에피택시법 (MOVPE; metal-organic vapor-phase epitaxy) 및 분자선 에피택시법 (MBE; molecular beam epitaxy) 등이 있다.

LPE 법은 장치가 간단하고 고순도의 에피택시층이 얻어지지만 막 두께가 불균일하다. LPE는 As를 포화시킨 Ga 용액으로부터 GaAs 기판상에 GaAs나 AlGaAs 층을 성장시키는 방법이다. LPE에서는 고순도 graphite로 제작한 boat를 쓰고 그 boat 내에 성장용의 조를 꾸며 그 위를 기판을 접촉시켜 slide 하여 성장을 한다. boat는 H_2 gas를 흘리는 석영관 내에 놓아 평형 온도로부터 온도를 내려 과포화가 된 부분만 성장한다. 이 방법을 써서 처음으로 AlGaAs/ GaAs/AlGaAs로 hetero 접합반도체 laser가 제작되어 실온에서의 연속 발진에 성공하였다.

VPE는 MESFET 용 GaAs 층 제작을 위해 이전에 잘 쓰였다. 성장용 반응 화로는 그림6-5과 유사하고 Ga 원과 AsH_4 gas를 써서 다음 화학반응이 사용된다.

$$4Ga + 12HCI \rightarrow 4GaCl_3 + 6H_2 \tag{10-2}$$

$$4AsH_3 \rightarrow As_4 + 6H_2 \tag{10-3}$$

$$4GaCl_3 + As_4 + 6H_2 \rightarrow 4GaAs + 12HCl \tag{10-4}$$

이 방법에서는 AlGaAs 결정계의 성장이 어렵다. 최근에는 반응 gas로서 Ga(CH₃)₃ 등의 유기금속 화합물을 쓰는 MOVPE가 잘 쓰이고 있다.

As 원은 AsH₄로 다음 화학반응으로 GaAs 층이 성장한다.

$$Ga(CH_3)_3 + AsH_3 \rightarrow GaAs + 3CH_4 \tag{10-5}$$

전도형의 제어는 n 형의 경우 H₂Se나 H₂S를 상기의 반응 gas와 흘려 Se나 S를 doping하고 p형에서는 Zn(C₂H₅)₂등을 흘려 Zn을 doping 한다.

MOVPE는 유기 금속으로부터의 탄소 오염의 문제가 있지만 막 두께의 제어성이 높아 대면적으로 대량 생산에 적합한다. 특히, P를 포함하는 InP 등의 발광 device 제작에서는 필수적인 성장 기술이다.

한편, MBE는 장치가 비싸지만 막 두께 제어성이 대단히 높아 박막 다층 구조의 제작이 용이하다. 장치의 한 예를 그림10-2에 보인다. 그 장치는 약 10^{-10} Torr의 초 고진공 장치이고 원자 또는 분자 흐름이 고체 표면에 도달하고 반응하여 막 성장이 행하여지는 epitaxy이다. 따라서, 1원자 단위의 결정층을 제어하는 것도 가능하다. 원자 또는 분자 흐름은 장치 좌측의 분자선원에서 기판에 공급된다. 성장층의 제어는 shutter의 개폐에 의해 행하여진다. 성장 중에는 기판이 회전하여 막 두께의 균일성이 향상된다. 한 분자 층

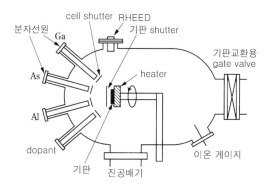

그림 10-2 GaAlAs 성장용 분자선 Epitaxial 장치(MBE)

마다의 막 성장의 관찰이나 제어는 장치에 부여한 RHEED(reflection high energy electron diffraction, 반사 고 에너지 전자 회절)로 행하여진다. 기판은 장치 오른쪽의 gate valve를 통하여 road lock 방식으로 장치의 진공을 손상 하는 일없이 교환된다. MBE의 기판 온도는 통상 $400 \sim 900\,℃$의 비교적 저 온이고 그 성장 속도는 $0.01 \sim 0.3\ \mu\mathrm{m/min}$로 느리다. 그 때문에 다른 방법으 로서는 불가능한 성분비나 불순물 농도를 변화시킬 수 있다. 그 대표적 예 가 초격자, 즉 전자의 평균 자유 행정보다도 짧은 주기성을 갖는 다층 구조 의 제작이다.

MBE 장치에서의 에피택시 성장 속도에 대해서 생각해 보자. 이상 기체에 서는 기체의 압력 P, 부피 V와 온도 T 사이에는 아래의 Charles의 법칙이 성립한다.

$$PV = RT = N_{\mathrm{AV}}k_{\mathrm{B}}T \tag{10-6}$$

R은 기체정수, N_{AV}는 Avogadro수, k_{B}는 Boltzmann 상수이다. 기체 내 의 분자 농도 n은,

$$n = \frac{N_{\mathrm{AV}}}{V} = \frac{P}{k_{\mathrm{B}}T} \tag{10-7}$$

이다. 기체 분자의 속도는 온도에 의존하고 그 속도 분포는 다음의 Maxwell-Boltzmann 법칙에 따른다.

$$\frac{1}{n}\frac{dn}{dv} = \left(\frac{m}{2\pi k_{\mathrm{B}}T}\right)^{3/2} v^2 \exp\left(\frac{-mv^2}{2k_{\mathrm{B}}T}\right) \tag{10-8}$$

x 방향의 분자속도 v_x를 식(10-8)을 써서 기판에 단위 시간당의 분자충돌 횟수 ϕ를 구하면

$$\phi = \int_0^\infty v_x\, \mathrm{d}n_x \tag{10-9}$$

가 된다. 식(10-8)을 대입하여 적분한 뒤 식(10-9)을 대입하여 다음 식이 얻어진다.

$$\phi = n\sqrt{\frac{k_B T}{2\pi m}} = \frac{P}{\sqrt{2\pi m k_B T}} = 3.51 \times 10^{22}\left(\frac{P}{\sqrt{mT}}\right) \quad (10\text{-}10)$$

여기서, P의 단위는 Torr (1 Torr = 133 Pa)이다. 분자가 산소로 온도 300 K, 압력이 10^{-4} Pa의 때, ϕ는 3.6×10^{14} cm$^{-2} \cdot$ s^{-1}이 된다.

10-3 Ⅲ-Ⅴ족 화합물 반도체의 물성

GaAs를 시초로 하는 Ⅲ-Ⅴ족 화합물 반도체의 결정 구조는 이미 그림 1-6에서 기술하였던 것과 같은 섬아연광 구조형이다. 그 결정 구조는 면심입방 격자인 Ⅲ족 원자의 부격자와 Ⅴ족 원자의 부격자가 격자 상수 1/4만큼 어긋나 겹치고 있다. 그 때문에 면에는 Ga 면과 As 면이 존재한다.

band 구조는 그림3-12에 보인 GaAs나 InP 등의 직접 천이형과 GaP나 AlAs 등의 간접 천이형이 있다. 특히, 직접 천이형 Ⅲ-Ⅴ족 화합물 반도체는 반도체의 주류인 어떤 반도체와 비교하여도 뛰어난 물성을 갖고 있다. 예를 들면 부록 2에 보이는 것 같이 Γ점 부근의 전자의 유효 질량이 작아 전자의 이동도가 8500로 실리콘 보다 약5배로 대단히 높다. 식(4-38)에 보는 것 같이 전자의 속도는 저전계에서는 전계와 이동도에 비례하여 증가한다. 특히, GaAs의 전계에서 최대, InP에서는 두 번째로 Si의 수배의 크기가 된다. 이 물성은 직접 천이형 Ⅲ-Ⅴ 화합물 반도체는 본질적으로 고속 device용 반도체로서 우수한 것을 뜻하고 있다.

또 하나의 특징은 원소의 조합으로 임의의 금지대 폭을 갖는 반도체의 합성이 가능한 것이다. 그림10-3은 Ⅲ-Ⅴ 화합물 반도체의 금지대폭과 격자 상수의 관계이지만 0.35~2.4 eV까지의 넓은 범위의 금지대폭을 연속적으로 제어할 수 있는 것을 알 수 있다. 또한, 금지대폭이 다른 여러 가지의 반도

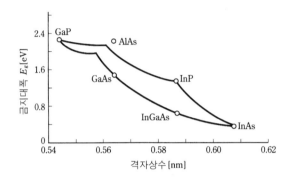

그림 10-3 화합물 반도체의 금지대폭과 격자 상수와의 관계

체를 조합하여 hetero 접합도 가능하다. 그 대표 예가 AlGaAs/GaAs나 InP/ InGaAs 계 hetero 접합이고 그림10-3이나 책끝의 부록 2에 보이는 것 같이 그것들의 격자 상수는 정합하고 있고 hetero 계면에서의 결함은 대단히 적 다. 이것에 의해 실온에서 발진하는 반도체 laser가 실현되어 광통신이나 CD (compact disc)등에 널리 응용하게 되었다. 격자 상수가 정합하지 않는 경우, 막이 엷을 때 기판의 격자정수에 정합한 왜곡 초격자가 제작되어 종래에는 없는 물성이 나타나고 새로운 device가 기대되고 있다.

10-4 Ⅲ-Ⅴ화합물 반도체 device

전 절에서 기술한 것같이 Ⅲ-Ⅴ 족 화합물 반도체는 수많은 특징적인 물 성을 갖기 때문에 여러 가지의 device에 응용되어 왔다. 대표적인 예가 LED 나 LD 등의 발광 device이고 태양 전지등의 수광 device나 HEMT 등의 초고 주파 device도 제조하게 되었다.

(ⅰ) 발광 device

직접 천이형에서는 주입된 캐리어가 복사 재결합하여 photon(광자)를 방출 한다. 그림10-4(a)은 GaAs 발광 diode의 band 구조로서 p영역에 주입된 전자

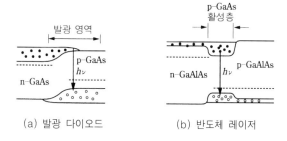

그림 10-4 homo 접합형 발광 다이오드 및 hetero 접합형 반도체 laser 의 밴드 구조

가 가전자대로 떨어져 정공과 재결합하여 적외선을 방출한다. LED의 파장
은 그림10-3에 보이는 것 같이 재료의 편성으로 다색화가 가능하고 녹색이
나 적색의 GaP LED나 GaAsP의 적색 LED, 최근에는 GaN의 청색 LED 등이
개발되고 있다.

  $GaAs_{1-x}P_x$ LED의 band gap은 x가 $0 \sim 0.45$의 범위로 $1.424 \sim 1.977$ eV로
변화하고 band 구조는 직접천이형이다. $x > 0.45$이면 간접천이형이 되어 발광
천이는 일어나기 어렵게 된다. 그러나, 간접천이형 반도체라도 등 전자 센터
(iso-elecronic center)를 형성하는 불순물이 포함되면 발광 천이는 일어나기
쉽게 된다. 그 예가, GaP에의 N doping이고 녹색 발광 diode가 제작된다.
GaP에 N 원자를 doping하더라도 P와 같은 5족의 원자이기 때문에 N 원자가
P 원자를 치환하더라도 n 형으로도 p 형으로도 되지는 않는다. N 원자는 P
원자보다 전자를 바싹 당기기 쉽기 때문에 전자를 trap한다. GaP에는 적색을
발광하는 Zn-O와 별도인 iso-elecronic center도 알려지고 있다.

  LED에서는 가시 영역의 발광 외에 적외선 발광의 LED도 알려지고 있다.
GaAs LED는 $0.9\,\mu$m의 적외선광을 발하지만 보다 band gap이 작은 GaInAsP
는 파장 $1.1 \sim 1.6\,\mu$m의 광을 발한다. 적외선 LED의 중요한 용도는 광통신이
고 광 fiber를 도파로로 하여 광검지기로 수광하는 통신 system이다.

  발광 다이오드로부터의 광은 자연 방사 즉 개개의 photon 사이의 위상이
다 같지 않은 incoherent한 광이다. 이것에 대하여 위상이 다 같이 방사되는
것을 유도 방출이라고 하고 그 광을 coherent한 광이라고 한다. coherent한 광

을 방출하는 diode가 반도체 laser(laser diode)이다. 일반적으로 laser를 발진시키기 위해서는 여기 상태와 기저 상태의 2 준위 사이에서 여기 상태에 있어서의 전자 수가 기저 상태보다 많아지는 비평형의 반전 분포를 만들 필요가 있다. 반도체에서는 2 준위는 전도대와 가전자대에 해당하지만 반전 분포를 만들기 위해서는 pn 접합에 약 1000A/cm^{2}의 대전류를 흘리거나 그림 10-4(b)에 보이는 것 같은 AlGaAs/GaAs/AlGaAs의 더블 hetero 접합에 의해 활성 영역에 캐리어가 쌓이도록 한다. 그 위에 통상의 pn 접합 구조로서는 유도 방출한 광을 가두는 것도 필요하다. 이것 때문에 접합 면에 수직한 2장의 벽개면을 거울로 사용하여 그 사이를 광을 몇 번 왕복시킨다. 그렇게 하면 laser의 길이(공진기의 길이)를 laser의 발진주파수(ν)는,

$$\nu = \left(\frac{c}{2L}\right)m \tag{10-11}$$

c :반도체내의 광속, m : 정수

가 된다. 이것에 의해 지향성이 강한 첨예한 peak을 갖는 laser 광이 얻어진다. 지금까지 광통신용으로서 석영 fiber로 광 흡수가 작은 InGaAs나 InGaAsP laser, CD 용으로서 파장이 짧은 AlGaAs, GaInAsP나 GaN laser가 제조되고 있다.

(ii) 고주파 device

GaAs device는 Si device에 비교하여 기본적으로 고속·고주파로서 높은 방사선 환경이나 고온에서 사용할 수 있다. 이것 때문에 고속 computer나 우주용 등에의 응용이 기대되어 왔다. 1970년대에는 금속과 GaAs의 Shottky 접합을 이용한 전계효과 transistor (MESFET; metal-semiconductor field effect transistor)가 연구되어 IC화가 검토되었다. 1980년에서는 HBT (hetero junction bipolar transistor)나 HEMT (high electron mobility transistor)가 개발되었다. HBT는 emitter에 wide gap를 쓰는 것에 의해 base로부터 emitter의 소수 캐리어의 주입을 억제하여 전류 이득을 크게 할 수 있는 transistor이다. 이 절에서는 HEMT device의 원리나 구조에 관해서 소개한다.

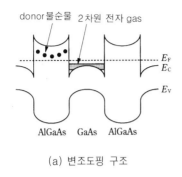

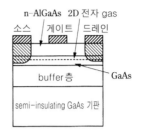

(a) 변조도핑 구조　　　　　　(b) GaAs HEMT 구조

그림 10-5 2차원 전자 gas를 갖는 변조 doping 구조 및 HEMT 구조

　초격자 구조에서는 새로운 반도체 물리현상이 나타난다. 그 하나인 변조 doping에 의한 이차원 전자 gas를 쓴 것이 HEMT이다. 그림10-5(a)에 보인 구조로 AlGaAs/GaAs/AlGaAs hetero 계면에 평행한 방향의 전기 전도에 있어서 변조 doping에 의해 초격자 내의 전자의 이동도를 대단히 높게 할 수가 있다. 전자에 대한 포텐셜이 높은 AlGaAs 만에 n형 불순물을 doping하면 donor 로 부터의 전자는 포텐셜이 낮은 GaAs의 전도대로 이동한다. 이것에 의해 이온화한 donor와 전자는 공간적으로 분리되고 전자는 불순물 원자의 산란을 받지 않고 이동도가 현저히 커진다. 이 경우 반드시 초격자를 형성할 필요가 없고 단일의 hetero 접합이라도 가능하고 더 실용적이다. 그림10-5(b)은 그 예로서 반절연성 GaAs 기판상에 buffer층을 사이에 두고 GaAs와 n-AlGaAs가 에피택시 성장되어 있다. gate 전극 및 사선의 Ohmic 영역 상에 source와 drain 전극이 형성된다. 이 구조로 n-AlGaAs/GaAs 계면에 이차원 (2D ; two- dimensional) 전자 gas로 이루어지는 channel이 형성된다. 이 구조로 실온에서의 전자의 이동도는 $7000 \sim 8000 \ cm^2/V \cdot s$로 높게 되고, 저온에서는 GaAs bulk 결정의 저하 경향과는 반대로 온도의 저하와 동시에 증대하여 최대 $10^6 \ cm^2/V \cdot s$에 달하였다고 발표되었다. 이 결과를 응용하여 논리나 memory LSI 에의 전개가 가능하다.

(iii) 마이크로파 발진 device

1963년에 J.B.Gunn에 의해서 제작된 GaAs 다이오드에서 마이크로파의 발진 현상이 처음으로 관측되었다. 이 Gunn diode는 전도대 전자의 band 구조에서의 계곡 간의 천이에 의한 음성 미분 이동도에 의거하고 있고 전자 천이 효과 다이오드라고도 부르고 있다. 그림10-6에 보이는 것 같이 n 형의 GaAs 반도체의 양다리에 Ohm성 전극을 붙여 내부 전계를 3kV/cm 이상의 높은 전계를 가하면 전자의 소밀이 가능해져서 음극측의 diode 내부에 불균일한 고전계층이 발생하여 전자는 양극 측에 도달하여 소멸한다. 이 때, GaAs diode의 소자 길이 l 을 고전계층에서의 주행속도 v_0 가 초과하면 단자 전류에 주기 $T = l/v_0$의 마이크로파 진동이 발생한다. 이 고전계 이중층 모드 발진의 안정 조건으로서는 평균 불순물 농도를 n_0로 하면 $n_0 \cdot l \gg 10^{12} \mathrm{cm}^{-2}$이 아니면 안 된다. 지금, 전자의 포화 속도를 v_0, 소자 길이를 10 μm으로 하면, $f = 1/T = 10 GHz$ 주파수의 마이크로파 전류가 흐르는 것으로 된다. 이 때의 GaAs의 평균 불순물 농도는 $n_0 = 10^{15} \mathrm{cm}^{-3}$이다.

저잡음의 마이크로파 발진에서는 Gunn diode가 우수하지만 고주파대에서 고출력으로 또한 고효율에서는 IMPATT (impact avalanche transit time) 다이

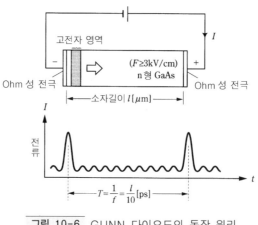

그림 10-6 GUNN 다이오드의 동작 원리

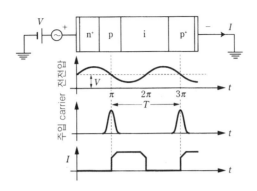

그림 10-7 IMPATT 다이오드의 동작원리

오드 쪽이 우수하다. 이 다이오드는 1958년에 W.T. Read에 의해 제안되어 Read 다이오드라고도 부르고 있다. 그림10-7에 보이는 것 같이 Si의 n^+pip^+ 구조(lo-hi-lo형이라고도 한다)의 diode에 역방향으로 전압을 걸고 그것에 중첩한 교류 전압에 대하여 단자 전류가 역위상 시에 발진과 증폭을 할 수 있다.

IMPATT의 동작주파수 f는 다음의 식으로 표시된다.

$$f = \frac{v_0}{2W} \tag{10-12}$$

단, v_0는 전자의 포화속도, W는 고전계층의 폭이다. 또한, 이 diode는 마이크로파 영역의 switching 소자로서도 쓰이고 있다.

POINT

1 화합물 반도체 device의 기판은 우선 3온도를 갖는 수평 Brigeman법과 B_2O_3 용융액의 덮개를 쓰는 LEC(liquid encapsulation Czochralski)법으로 GaAs 기판을 형성하고 이 기판 상에 AlGaAs/GaAs 등을 hetero 구조로 epitaxial 성장하여 제작한다(그림10-1).

2 약 10^{-8} Pa의 초고진공 속에서 원자·분자 흐름이 고체 표면에서 반응하여 결정막이 epitaxial 성장할 수 있는 MBE(molecular beam epitaxy)은 단일원자 단위의 결정층의 막 두께 제어성이 대단히 높아 다층의 박막 구조의 제작이 용이하고 HEMT device나 초격자 다층 구조 device를 만드는 데 적절하다(그림10-2).

3 Ⅲ-Ⅴ족 화합물 반도체 중에서 GaP나 AlAs 등은 간접 천이형이고 GaAs나 InP 등은 직접 천이형이다. 직접 천이형 화합물 반도체는 Γ점 부근의 전자의 유효 질량이 작기 때문 전자의 이동도가 Si 반도체보다 약 5배로 높고, 전자의 주행 속도가 빠르기 때문에 고주파 device로서 우수하다. Ⅲ-Ⅴ족에서는 다원화에 의해 격자 상수를 바꾸어 0.35~ 2.4 eV까지 금지대폭을 연속적으로 임의로 제어할 수 있고 hetero 접합도 가능하다(그림10-3).

4 homo 접합형 발광 다이오드는 개개의 photon 사이의 위상이 다른 incoherent한 광의 자연방사에 의한 것인데 대하여, hetero 접합형 laser는 유도 방출에 의해 위상이 같은 coherent인 광을 방출하는 diode이다 (그림10-4).

5 hetero-junction bipolar transistor(HBT)는 emitter에 금지대폭이 넓은 재료를 쓰는 것에 의해 base로부터 emitter의 소수 캐리어의 주입을 제어하여 전류 이득을 크게 할 수 있는 transistor이다.

6 광전 변환 device에는 광검출기로 쓰이는 photo diode 및 photo transistor, 태양 에너지를 전기로 변환하는 태양 전지가 있다. 지상에 내리쬐는 약 1 kW/m²의 태양 에너지를 직접 전기 에너지로 변환하는 태양 전지의 에너지 효율은 외부 부하 저항을 바꿔 광조사 아래의 전류와 전압의 곱의 최대치(최적 동작점의 출력)를 입사 에너지로 나눈 것이고 Si 단

결정계의 태양 전지로 24%, GaAs계의 태양 전지로 30%의 최대 변환
효율이 얻어지고 있다(그림10-5).

7 hetero 접합계면에 형성한 고이동도의 2차원 전자 박막층을 channel로
이용하는 고이동도 transistor(HEMT)는 MBE 법으로 반절연성 GaAs 기
판상에 undoped의(고순도) GaAs층과 Si dope의 n 형 AlGaAs 층을 연속
적으로 에피택시 성장시켜 hetero 접합을 형성하고 그 위에 source,
drain, Schottky gate의 각 전극을 붙인 MESFET 구조를 갖고, n형
AlGaAs 층의 두께를 제어하는 것에 의해 E 모드(두께 60 nm)와 D 모드
(두께 100 nm)의 device를 용이하게 제작할 수 있다(그림10-6).

8 10 GHz 급의 마이크로파 발진 소자에는 전자 천이 효과를 쓴 저잡음의
Gunn diode나 전자 눈사태를 이용한 고출력을 갖는 고효율의 IMPATT
diode가 있다(그림10-7). 마이크로파 대역의 switch 소자로서 pin diode가
있다.

[연습문제]

1 기판에 충돌하는 산소의 분자가 전부 쌓인다고 가정하였을 때에 압력1
및 10^{-10} Torr 때의 1분자층을 형성하는 시간을 구하라. 산소분자의 유
효 내경은 0.364nm 이다.

2 MBE 장치의 가열 cell의 개구면적을, 개구부와 GaAs기판과의 거리를 10cm
으로 한다. GaAs를 포함하는 가열 cell을 900℃로 유지하였을 때의 MBE
성장 속도를 구하라.
단, 900℃에서는 Ga 과잉 표면이 되고 그 압력은 4.2×10^{-4} Torr이다.

3 고전계층 폭이 $5\,\mu$m의 Si의 IMPATT 다이오드가 있다. 동작 주파수를 구
하라.

- 반도체 laser의 개발 -

compact disk이나 광통신의 광원으로서 사용되고 있
는 반도체 laser의 개발에는 일본인을 포함하는 많은 사람
들의 방심하지 않은 연구와 노력이 있었다. 반도체 laser
의 최초의 발진은 1962년 미국의 General Electric사
의 Hall 등의 연구 group에 의해 관측되었다. 그들은
GaAs diode를 77 K로 냉각하여 pulse 전류를 인가한
곳에서 방사 pattern이 좁아져 spectrum 폭이 10분의
1로 감소하는 것을 발견하였다. 반도체 laser의 idea는
동북대학의 니시자와 씨에 의해 1957년에 제안되었다. 그
후, 연구가 많이 진전되지 않았지만 1970년 실온에서의
laser 발진에 성공하였다. 이 성공은 당시 Bell 연구소의
연구원이던 임씨에 의해 GaAlAs/GaAs double
hetero 구조를 써서 실현되었다. 그 후에 신뢰성이나 모
드 안정성에 관한 많은 연구를 지나서 실용화는 1980년에
들어서 시작되었다.

1. 물리 상수

정수	부호	수치
Avogadro 수	N_{AV}	$6.023 \times 10^{23} \mathrm{mol}^{-1}$
Boltzmann 상수	k_B	$1.38 \times 10^{-23} \mathrm{mJ/K} = 8.62 \times 10^{-5} \mathrm{eV/K}$
전자의 전하	q 또는 e	1.6×10^{-19} C
전자 Volt	eV	1.6×10^{-19} J
자유전자의 질량	m_0	9.1×10^{-31} kg
진공의 유전율	ε_0	8.854×10^{-14} F/cm
진공의 투자율	μ_0	1.257×10^{-8} H/cm
Plank 상수	h	6.625×10^{-34} Js
300K의 열전압	$k_B T/q$	25.9mV

2. Si, Ge, GaAs 및 InP 반도체의 물성 데이타

물리 상수	Si	Ge	GaAs	InP
원자수[cm^{-3}]	5.0×10^{22}	4.4×10^{22}	2.2×10^{22}	2.0×10^{22}
금지대폭[eV]	1.12 (i)	0.68 (i)	1.43 (d)	1.27 (d)
격자상수[nm]	0.543	0.566	0.565	0.587
전자친화력 χ [eV]	4.01	4.13	4.07	4.38
비유전율 K	12.0	16.0	11.5	12.1
유효상태밀도				
N_c 전도대 [cm^{-3}]	2.8×10^{19}	1.04×10^{19}	4.7×10^{17}	5.2×10^{17}
N_v 가전자대[cm^{-3}]	1.02×10^{19}	6.1×10^{18}	7.0×10^{18}	1.26×10^{19}
유효질량				
전자 m_e/m_0	0.916//, 0.191⊥	1.57//, 0.08⊥	0.065	0.077
정공 m_h/m_0	0.52	0.35	0.45	0.56
이동도[cm^2/V·sec]				
전자 μ_n	1350	3600	8500	6060
정공 μ_p	480	1800	400	150
밀도[g/cm^3]	2.329	5.327	5.307	4.787
용융점[℃]	1412	958	1238	1070

주) 금지대폭(i는 간접천이형, d는 직접천이형), 이동도: 300K의 값

3. 반도체에서 쓰이는 주요 원소의 주기율표

	IIb족	IIIb족	IVb족	Vb	VIb	0족
제2주기		5 **B** 붕소 (Boron)	6 **C** 탄소 (Carbon)	7 **N** 질소 (Nitrogen)	8 **O** 산소 (Oxygen)	10 **Ne** 네온 (Neon)
제3주기		13 **Al** 알루미늄 (Aluminium)	14 **Si** 실리콘 (Silicon)	15 **P** 인 (Phosphor)	16 **S** 유황 (Sulfur)	18 **Ar** 아르곤 (Argon)
제4주기	30 **Zn** 아연 (Zinc)	31 **Ga** 갈륨 (Gallium)	32 **Ge** 게르마늄 (Germanium)	33 **As** 비소 (Arsenic)	34 **Se** 셀렌 (Selenium)	36 **Kr** 크립톤 (Krypton)
제5주기	48 **Cd** 카드뮴 (Cadmium)	49 **In** 인듐 (Indium)	50 **Sn** 주석 (Tin)	51 **Sb** 안티몬 (Antimony)	52 **Te** 텔루륨 (Tellurium)	54 **Xe** 크세논 (Xenon)
제6주기	80 **Hg** 수은 (Mercury)	81 **Tl** 탈륨 (Thallium)	82 **Pb** 납 (Lead)	83 **Bi** 비스무트 (Bismuth)	84 **Po** 폴로늄 (Polonium)	86 **Rn** 라돈 (Radon)

참고문헌

(1) C.Kittel : *Introduction to Solid State Physics*, 7th edition,1996, John Wiley & Sons, Inc.

(2) A.S. Grove : *Physics and Technology of Semiconductor Devices*, 1967, John Wiley & Sons, Inc.

(3) S.M. Sze : *Semiconductor Devices, Physics and Technologies*, 1985, John Wiley & Sons, Inc.

(4) 靑木昌治 : 응용물성론, 1980,제15판, 朝倉書店.

(5) 右高正俊 : LSI process공학, 1982,제1판, Ohm사.

(6) 小長井誠: 반도체 물성, 1992, 제1판, 培風館.

(7) E. S. Yang (後藤俊成, 中田艮平, 岡本孝太郎번역) : 반도체 device의 기초, 1991,제7판, MacGraw Hill사.

(8) S.M. Sze : Semiconductor Device 1991, 2nd edition.

(9) 德山 巍, 椿本哲一 편저: VLSI 제조기술, 1989, 닛께이 BP 사.

(10) 阿部孝夫: Silicon(결정성장과 웨이퍼 가공), 1994, 培風館.

(11) 管野卓雄 감수, 永田 穰 편저: 초고속 Digital Device · series 1. 초고속 Bipolar Device, 1986, 培風館.

(12) 管野卓雄 감수, 香山 晋 편저: 초고속 Digital Device · series 2. 초고속 MOS Device, 1986, 培風館.

(13) 管野卓雄 감수, 大森正道 편저: 초고속 Digital Device · series 3. 초고속 화합물 반도체, 1986, 培風館.

(14) 松波弘之著: 반도체공학, 1983, 昭晃堂.

(15) 大場勇一郎, 池琦和男, 桑野 博, 松本 智: 전기학회대학강좌 전자물성기초, 1992, Ohm사.

(16) 大見忠弘, 新田雄久 감수 : Silicon의 과학, 1996, Realize사.

(17) G. Massobrio and P. Antognetti : Seniconductor Device Modeling with SPICE, 1993, McGraw Hill.

연습문제 해답

1장

① 한 개의 원자 질량에 포함되는 원자의 수는 Avogadro 수 6.02×10^{23}개를 포함하므로 Si 원자의 수 $= 2.33 \times \dfrac{6.02 \times 10^{23}}{28.1} = 5.0 \times 10^{22}[\,\mathrm{cm}^{-3}]$

② Si의 격자 상수 a는 0.543 nm이고, Si의 단위 세포에는 8개의 원자가 존재하므로, 1 cm^{3}의 원자의 수는 $= \dfrac{8}{a^3} = \dfrac{8}{(0.543 \times 10^{-9})^3} = 5 \times 10^{22}[\,\text{개}/\,\mathrm{cm}^3]$ 또,

Si의 밀도 $= (\text{원자수}/\,\mathrm{cm}^3) \times \dfrac{\text{원자량}}{\text{Avogadro수}} = (5.0 \times 10^{22}) \times \dfrac{28.09}{6.02 \times 10^{23}}$

$= 2.33[\,\mathrm{g}/\,\mathrm{cm}^3]$

③ ・단위 세포의 각 정점에 있는 8개의 원자×(1/8)개분

・단위 세포의 각 면에 있는 6개의 원자×(1/2)개분

・단위 세포의 내부에 있는 4개의 원자×(1)개분을 합하면,

∴ $\sum$ 단위 세포 내의 Si의 원자 수 $= 8 \times (1/8) + 6 \times (1/2) + 4 \times 1 = 8$개

④ Si 결정의 격자 상수(단위 세포의 한변의 길이)는 0.543nm 이므로

단위 세포의 층수는 $= 10^{-6}[\,\mathrm{m}](0.543 \times 10^{-9}[\,\mathrm{m}]) = 1.84 \times 10^3[\,\text{층}/\mu\mathrm{m}]$

⑤ Si도 GaAs도 다이아몬드 구조(격자 상수 a)를 가지므로, 각각의 최근접 원자간 거리는 $a_{\mathrm{si}} = 0.543[\,\mathrm{nm}]$과 $a_{\mathrm{GaAs}} = 0.564[\,\mathrm{nm}]$이므로 아래처럼 쓸 수 있다.

$d_{\mathrm{si-si}} = (a/2)\cos(\pi/6) = (a/2)(\sqrt{3}/2) = a\sqrt{3}/4 = 0.235[\,\mathrm{nm}]$

$d_{GaAs} = a\sqrt{3}/4 = 0.244[\,\mathrm{nm}]$

또, Si 및 GaAs 의 격자 상수 a의 입방체에 속하는 Si 원자 및 Ga 원자의 각각의 개수는 4(=8/2)이므로,

Si 의 경우 $8/(5.43 \times 10^{-8})^3 = 5.00 \times 10^{22}[\,\text{개}/\,\mathrm{cm}^3]$

Ga 의 경우 $8/(5.64 \times 10^{-8})^3 = 2.23 \times 10^{22}[\,\text{개}/\,\mathrm{cm}^3]$

2장

① 그림과 같이 2원자 1차원 격자($M>m$)의 모형을 보인다.

$$2n-1 \qquad 2n \qquad 2n+1$$

$$M|{\leftarrow}a{\rightarrow}|m$$

최근접 원자 사이에는 Hook의 법칙에 따르는 상호작용이 있다고 하면 강성 Stiffness를 f로 하여 아래의 운동방정식이 성립한다.

$$m\frac{\mathrm{d}^2 U_{2n}}{\mathrm{d}t^2} = f(U_{2n+1} - U_{2n}) - f(U_{2n} - U_{2n-1})$$

$$M\frac{\mathrm{d}^2 U_{2n+1}}{\mathrm{d}t^2} = f(U_{2n+2} - U_{2n+1}) - f(U_{2n+1} - U_{2n})$$

이것들의 미분방정식의 해로서,

$$m \text{ 계} : U_{2n} = A \exp\{j(\omega t + 2nqa)\}$$

$$M \text{ 계} : U_{2n+1} = B \exp[j\{\omega t + (2n+1)qa\}]$$

의 진행파와 일치한다. 여기서, 진폭 A, B를 미지수로 하여 평형 위치 간격 a, 진동의 각 진동수 ω, 파수 vector $q = \omega/c = 2\pi/\lambda$ (c : 전달 속도, λ : 파장)으로 한다.

여기서, 미지수의 진폭 A, B가 의미를 갖기 위한 조건에서 ω의 해가 얻어진다.

$$\omega_{\pm}^2 = f\left(\frac{1}{m} + \frac{1}{M}\right) \pm f\left[\left(\frac{1}{m} + \frac{1}{M}\right)^2 - \frac{4\sin^2 2qa}{mM}\right]^{1/2}$$

파수 vector q가 제1 Brillouin zone의 절반 0으로 부터 $\pi/2a$로 변할 때 $\pm$의 값 중에 ω_+에 대하는 광학 분지는 감소하고, ω_-에 대하는 음향 분지는 증가한다.

M/m의 비가 커지면, 두 개의 분지 사이의 ω의 간격은 넓게 된다.

② 1 mol의 고체내에 N개의 원자가 있다고 하면 각 원자에 3방향의 진동이 있는 것으로, 이 계는 3N개의 독립인 1차 조화 진동자로 근사할 수 있다.

전체 energy U는 격자의 진동수 ν와 Plank 상수 h로,

$$U = \frac{3}{2}Nh\nu + \frac{3Nh\nu}{\exp(h\nu/k_B T) - 1}$$

따라서, 비열 C_v은

연습문제 해답

$$C_v = \frac{dU}{dT} = 3k_{\mathrm{B}}Nf(\Theta_{\mathrm{E}}/T) = 3Rf(\Theta_{\mathrm{E}}/T)$$

여기서, $\Theta_{\mathrm{E}} = h\nu/k_{\mathrm{B}}$(아인슈타인 온도) 및 $f(x) = x^2 e^x/(e^x - 1)^2$이다.

고온에서는 $x = \Theta_E/T \to 0$의 때에 $\lim f(x) = 1$이므로 $C_v = 3R$ 즉 Dulong-Petit의 법칙이 성립한다.

③ Debye 모형에서는 격자의 진동수 ν가 최대진동수 $\nu_m < \nu$의 때에 $g(\nu) = 0$, 더욱이 $0 < \nu < \nu_m$의 때 $g(\nu) = C\nu^2$이다. 여기서, 정수 C는 다음의 적분을 만족한다.

$$\int_0^{\nu_{\mathrm{m}}} g(\nu) = 1 \to C = 3/\nu^3$$

이 계의 내부 에너지 U는

$$U = \frac{3}{2} Nh\nu + 3N \int_0^{\nu_{\mathrm{m}}} g(\nu)d\nu \cdot \frac{h\nu}{\exp(h\nu/k_{\mathrm{B}}T) - 1}$$

$$= (3/2)Nh\nu + (9Nh/\nu^3) \int_0^{\nu_{\mathrm{m}}} \frac{\nu^3 d\nu}{\exp(h\nu/k_{\mathrm{B}}T) - 1}$$

$$= (3/2)Nh\nu + 3RTf(\Theta_{\mathrm{D}}/T)$$

여기서, $\Theta_{\mathrm{D}} = h\nu/k_{\mathrm{B}}$, $f(x) = (3/x^3) \int_0^x \xi^2 d\xi/(e^3 - 1)$

그러므로, 비열 C_v는

$$C_v = \frac{dU}{dT} = 3R[4f(\Theta_{\mathrm{D}}/T) - 3\Theta_{\mathrm{D}}/T\{\exp(3\Theta_{\mathrm{D}}/T) - 1\}] = (12\pi^4 R/5)T^3$$

(저온 $\Theta_{\mathrm{D}} \gg T$의 경우) $= 3R$(고온 $\Theta_D \ll T$의경우)

④ Si와 Ge 단결정의 격자 진동에 의한 적외선 흡수는 ion성이 작기 때문에 거의 관측되지 않는다. Si와 Ge 단결정의 비열의 실측치는 그림2-10에 보이고 있다. 이것은 Debye 모형에 기초하여 계산한 결과는

$$C_v = 9Nk_B T (T/\Theta_D)^3 \int_0^{\Theta_D T} x^3 dx/(e^x - 1), \text{여기서 } x = h\omega/2\pi k_B T$$

로 주어진다. Debye 온도보다 고온의 비열은 Dulong-Petit의 법칙에 따른다. 한편 Debye온도보다 저온의 비열은 $C_v = (12\pi^4/5)Nk_{\mathrm{B}}(T/\Theta_{\mathrm{D}})^3$에 따라서 Debye의 T^3법칙에 따라서 그림2-10의 실험 데이타를 잘 설명한다.

3장

① energy E의 일때 3D계의 상태밀도 $N(E)$는

$$N(E) = (8\sqrt{2}\pi m_0^{3/2}E^{1/2})/h^3 = 1.07 \times 10^{56}\sqrt{E} \ [1/J \cdot m^3]$$
$$= 6.8 \times 10^{21}\sqrt{E} \ [1/eV \cdot cm^3]$$

에너지 $E = 0.1eV$일 때 $N(E) = 2.15 \times 10^{21}[1/eV \cdot cm^3]$

2D의 상태밀도 $N(E) = 4\pi m_0/h^2 = 4.21 \times 10^{14}[1/eV \cdot cm^2]$

② 유효 질량을 m^*로하면

$$E = (hk/2\pi)^2/2m^* = \{h(2\pi/\lambda/2\pi)\}^2/2m^* = h^2/2m^*\lambda^2$$

자유 전자의 경우 파장은,

$$\lambda_{\text{free}} = h/(2mE)^{1/2} = 1.23[nm]$$

에너지 $E = 1eV$ 일 때 GaAs 결정 중의 전자의 파장은

$$\lambda_{\text{GaAs}} = \lambda_{\text{free}}(m/m^*) = 4.75[nm]$$

③ 화합물 반도체 GaAs, InP, GaSb 및 InAs의 energy gap E_g은 1.43, 1.34, 0.74 및 0.36eV, 또 이들의 유효 질량 m^*/m은 0.068, 0.073, 0.048 및 0.023이 되므로, E_g가 작으면 m^*/m도 작게되는 경향이 있다.

④ 가전자대의 정점과 전도대의 최하점은 파수 vector $k=0$의 같은 운동량의 자리에 위치하며 phonon의 운동량의 크기는 전자의 운동량의 크기에 비교하여 대단히 작기 때문에 여기 전후에서는 같은 운동량을 갖는 상태로 전이한다. 이것을 직접 천이(direct transition)이라고 한다. 이러한 밴드 구조를 갖는 반도체를 직접천이 반도체라고 한다. GaAs, InAs, CdS 등이 이것에 속한다. 한편, 가전자대의 정상과 전도대의 최하점이 다른 운동량의 자리에 위치하여 가전자대의 정상의 전자가 전도대의 최하점에 천이하기 위해서는 phonon에 의한 운동량의 변화가 따른다. 이것을 간접 천이(indirect transition)라 한다. 이러한 밴드구조를 갖는 것을 간접 천이 반도체라고 부른다. 이것에는 Si, Ge, GaP 등이 속한다. 기초 흡수는 물론 간접 천이형 흡수로 된다.

연습문제 해답

4장

①
$$E_f = E_c - k_B T \ln \frac{N_c}{N_d}, E_c - E_f = kT \ln \frac{N_c}{N_d} = 0.026 \ln \frac{2.8 \times 10^{19}}{10^{15}}$$
$$= 0.266 \, eV$$

② (a) $n_i = 1.45 \times 10^{10} \, cm^{-3}$

$$\frac{1}{\rho} = q(\mu_n n + \mu_p p) = 1.6 \times 10^{-19}(1350 + 480)1.45 \times 10^{10}$$
$$= 4.25 \times 10^{-6} \, S/cm$$

$$\rho = 2.35 \times 10^5 \, \Omega \cdot cm$$

(b) $n = 5 \times 10^{22}/10^8 = 5.0 \times 10^{14} \, cm^{-3}$, 그림4-11로 부터 $\rho = 10 \, \Omega \cdot cm$

③ (a) $n = 10^{14} \, cm^{-3}$일 때, $\rho = 40 \, \Omega \cdot cm$, $\sigma = 0.025 \, S/cm$,

$\mu_n = 1350 \, cm^2/V \cdot s$

(b) $n = 10^{18} \, cm^{-3}$일 때, $\rho = 0.02 \, \Omega \cdot cm$, $\sigma = 50 \, S/cm$, $\mu_n = 250 \, cm^2/V \cdot s$

④ (a)
$$E_c - E_f = 0.0258 \ln \frac{2.8 \times 10^{19}}{N_d}$$

$$N_a = 10^{15} \, cm^{-3} \rightarrow 0.264 \, eV, \quad 10^{18} \, cm^{-3} \rightarrow 0.086 \, eV,$$

$$10^{20} \, cm^{-3} \rightarrow -0.033 \, eV$$

(b) 그림4-5로 부터, $E_c - E_d = 0.054 eV$

$$N_d = 10^{15} \, cm^{-3} \rightarrow E_d - E_f = 0.264 - 0.054 = 0.210 \, eV \rightarrow N_d^+ \approx N_d$$

$$N_d = 10^{18} \, cm^{-3} \rightarrow E_d - E_f = 0.086 - 0.054 = 0.032 \, eV \rightarrow N_d^+/N_d = 0.63$$

$$N_d = 10^{20} \, cm^{-3} \rightarrow E_d - E_f = 0.033 - 0.054 = -0.087 \, eV \rightarrow N_d^+/N_d = 0.017$$

⑤ (a) $v_d = \mu \cdot \varepsilon = 1350 \times 100 = 1.35 \times 10^5 \, cm/s$,

(b) $v_d = 1.35 \times 10^8 \, cm/s > v_{th} \cong 1 \times 10^7 \, cm/s$로 열속도를 초과하는 것에 의해 사실과 다른 결과가 된다. $10^5 \, V/cm$의 고 전자장에서는 전자의 속도는 다음 식으로 기술된다.

$$v_d = v_{th} \left\{ 1 - \exp\left(-\frac{\varepsilon}{\varepsilon_c}\right) \right\} = 10^7 \left\{ 1 - \exp\left(-\frac{10^5}{1.5 \times 10^4}\right) \right\}$$
$$= 9.98 \times 10^6 \, cm/s$$

⑥ $\Delta n = \Delta p = G_{\mathrm{L}} \tau = 10 \times 10^{-6} \times 5 \times 10^{19} = 5 \times 10^{14} \, \mathrm{cm}^{-3}$

$n = N_{\mathrm{d}} + \Delta n = 10^{15} + 5 \times 10^{14} = 1.5 \times 10^{15} \, \mathrm{cm}^{-3}$

$p = p_0 + \Delta p = \dfrac{n_{\mathrm{i}}^2}{n_0} + \Delta p \approx 5 \times 10^{14} \, \mathrm{cm}^3$

$\sigma = q(\mu_{\mathrm{n}} n + \mu_{\mathrm{p}} p) = 1.6 \times 10^{-19}(1350 \times 1.5 \times 10^{15} + 480 \times 5 \times 10^{14})$

$\quad = 0.362 \, \mathrm{S/cm}$

광 조사시의 Fermi 준위 E_{fn}과 E_{fp}는 식(4-27)과 (4-30)에 의해

$$E_{\mathrm{c}} - E_{\mathrm{fn}} = k_{\mathrm{B}} T \ln \frac{N_{\mathrm{c}}}{N_{\mathrm{d}}} = 0.0258 \ln \frac{2.8 \times 10^{19}}{1.5 \times 10^{15}} = 0.254 \, \mathrm{eV}$$

$$E_{\mathrm{fp}} - E_{\mathrm{v}} = k_{\mathrm{B}} T \ln \frac{N_{\mathrm{c}}}{N_{\mathrm{d}}} = 0.0258 \ln \frac{2.8 \times 10^{19}}{5 \times 10^{14}} = 0.282 \, \mathrm{eV}$$

5장

① 본문 참조

② $p_{\mathrm{n}0} n_{\mathrm{n}0} = n_{\mathrm{p}0} p_{\mathrm{p}0} \sim p_{\mathrm{n}0} N_{\mathrm{d}} \sim n_{\mathrm{p}0} N_{\mathrm{a}} \sim n_{\mathrm{i}}^2$, $k_{\mathrm{B}} T/e = 0.0259 \, \mathrm{V}$ 가 되므로, 확산 전위 V_d는

$$V_{\mathrm{d}} = (k_{\mathrm{B}} T/e) \ln (p_{\mathrm{p}0}/p_{\mathrm{n}0}) = (k_{\mathrm{B}} T/e) \ln (N_{\mathrm{a}} N_{\mathrm{d}}/n_{\mathrm{i}}^2)$$

공핍층 두께 d는

$$d = \{2\varepsilon_{\mathrm{s}} \varepsilon_0 (V_{\mathrm{d}} - V)(N_{\mathrm{a}} + N_{\mathrm{d}})/e N_{\mathrm{a}} N_{\mathrm{d}}\}^{1/2} = 3.6 \times 10^{-7} \, \mathrm{m}$$

③ pn 접합의 이상적인 전류-전압 특성의 식으로부터,

$$I = I_0 \{ \exp (eV/k_B T) - 1 \}$$

여기서, $I_0 = 10 \mu \mathrm{A}$, $V = 0.13 \, \mathrm{V}$ 라 하면, 실온에서는 $k_B T/e = 0.0259 \, \mathrm{V}$가되므로

$$I = 10 \times \{ \exp (5.019) - 1 \} = 10 \times 150.3 = 1.50 \, \mathrm{mA}$$

④ 공핍층 두께 d 는 $\varepsilon_0 = 8.85 \times 10^{-12} \, \mathrm{F/m}$로부터

$$d = \{2\varepsilon_{\mathrm{s}} \varepsilon_0 (V_{\mathrm{d}} - V)(N_{\mathrm{a}} + N_{\mathrm{d}})/e N_{\mathrm{a}} N_{\mathrm{d}}\}^{1/2} = 28 \mu \mathrm{m}$$

또, 접합 용량 C는 접합 면적 $S = 1.0 \, \mathrm{mm}^2$이므로

$$C = \varepsilon_s \varepsilon_0 S/d = 3.73\,\mathrm{pF}$$

⑤ 본문 참조

 6장

①
$$C_L = \frac{C_s}{k_0} = \frac{10^{16}}{0.8} = 1.25 \times 10^{16}\,\mathrm{cm^{-3}}$$

60kg의 Si 용적은 $60 \times 1000/2.53\,\mathrm{g/cm^3} = 2.37 \times 10^4\,\mathrm{cm^3}$

Si 용융액 내의 B 전원자 수는, $1.25 \times 10^{16} \times 2.37 \times 10^4$

$= 2.96 \times 10^{20}$개 $/\mathrm{cm^3}$

그리고, B의 중량은

$$\frac{2.96 \times 10^{20} \times 10.8[\,\mathrm{g/mol}\,]}{6.02 \times 10^{23}[\,\mathrm{atom/mol}\,]} = 5.31 \times 10^{-3}\,\mathrm{g} = 5.31\,\mathrm{mg}$$

②

$C_s = k_0 C_0 (1-l)^{k_0-1}$, $k_0 = 0.3$, $C_0 = 10^{17}\,\mathrm{cm^{-3}}$

$l = 10\,\mathrm{cm}$, $C_s = 3 \times 10^{16}(0.8)^{-0.7} = 3.5 \times 10^{16}\,\mathrm{cm^{-3}}$

$l = 20\,\mathrm{cm}$, $C_s = 3 \times 10^{16}(0.6)^{-0.7} = 4.3 \times 10^{16}\,\mathrm{cm^{-3}}$

$l = 30\,\mathrm{cm}$, $C_s = 3 \times 10^{16}(0.4)^{-0.7} = 5.7 \times 10^{16}\,\mathrm{cm^{-3}}$

$l = 40\,\mathrm{cm}$, $C_s = 3 \times 10^{16}(0.2)^{-0.7} = 9.3 \times 10^{16}\,\mathrm{cm^{-3}}$

③
$$V_{bi} = 0.026 \ln \frac{10^{19} \times 10^{16}}{(1.45 \times 10^{10})^2} = 0.874\,\mathrm{V}$$

$$W = \sqrt{\frac{2K\varepsilon_0 V_{bi}}{qN_A}} = 0.34\,\mu\mathrm{m}$$

$$\xi_m = \frac{qN_A W}{K\varepsilon_0} = 5.4 \times 10^4\,\mathrm{V/cm}$$

④ 농도가 같으므로, 다수 캐리어와 소수 캐리어의 이동도는 같다고 가정한다.

$\mu_n = 120\,\mathrm{cm^2/V \cdot s}$, $\mu_p = 400\,\mathrm{cm^2/V \cdot s}$이므로

$D_n = \mu_n k_B T/q = 120 \times 0.026 = 3.1\,\mathrm{cm^2/s}$, $D_p = 10.4\,\mathrm{cm^3/V \cdot s}$

따라서, $L_n = \sqrt{D \cdot \tau_n} = \sqrt{3.1 \times 10^{-7}} = 5.6 \times 10^{-4}\,\mathrm{cm}$, $L_p = 1.01 \times 10^{-2}\,\mathrm{cm}$

$p_{n0} = \dfrac{n_i^2}{N_d} = 2.25 \times 10^4\,\mathrm{cm}^{-3}$, $n_{p0} = 45\,\mathrm{cm}^{-3}$

$J_0 = q\left(\dfrac{D_n n_{p0}}{L_n} - \dfrac{D_p n_{p0}}{L_p}\right) = 3.74 \times 10^{-12}\,\mathrm{A/cm^2}$

$V_F = \dfrac{k_B T}{q}\ln\left(\dfrac{J}{J_0} + 1\right) = 0.026\ln\left(\dfrac{10^{-1}}{3.7 \times 10^{-12}} + 1\right) = 0.62\,\mathrm{V}$

⑤ $\gamma = \dfrac{1}{1 + \dfrac{D_E N_B W}{D_B N_E L_E}} = 0.999$

$\beta = 1 - \dfrac{W^2}{2L_B^2} = 0.995$, 따라서, $h_{FE} = \dfrac{\gamma\beta}{1 - \gamma\beta} = 166$

⑥ $I_{Dsat} = C_0 \mu_n \dfrac{Z}{2L}(V_G - V_{th})^2 = 2.7 \times 10^{-2}\,\mathrm{A}$

$g_m = C_0 \mu_n \dfrac{Z}{L} V_D = 1.35 \times 10^{-2}\,\mathrm{S}$

7장

① 그림7-4로부터, 1100℃, 건조 산화에서는 $A = 0.08\mu m$, $B = 0.025\mu m^2/hr$

$x_0 = \dfrac{A}{2}\left\{\sqrt{1 + \dfrac{t + \tau}{A^2/4B}} - 1\right\} = \dfrac{0.08}{2}\left\{\dfrac{\sqrt{1 + 0.057}}{0.08^2/(4 \times 0.025)} - 1\right\} = 0.17\mu m$

단, $\tau = \dfrac{x_i^2 + Ax_i}{B} = \dfrac{0.02^2 + 0.08 \times 0.02}{0.025} = 0.057\,hr$

② 그림7-4로부터, 900℃, 가습 산화에서는 $A = 0.6\mu m$, $B = 0.2\mu m^2/hr$이므로

$\tau = \dfrac{x_i^2 + Ax_i}{B} = \dfrac{0.02^2 + 0.6 \times 0.02}{0.2} = 0.062\,hr$

$t = \dfrac{A^2}{4B}\left\{\left(\dfrac{2x_0}{A} + 1\right)^2 - 1\right\} - \tau = \dfrac{0.6^2}{4 \times 0.2}\left\{\left(\dfrac{2 \times 0.2}{0.6} + 1\right)^2 - 1\right\} - 0.062$

$= 0.74\,hr$

③ $10\Omega \cdot cm$ 에서 $N_d = 5 \times 10^{14}\,cm^{-3}$

$$N(x,\ t) = N_0\ \text{erfc}\ \frac{x}{2\sqrt{Dt}}\ ,\ \ \text{그림7-6}\ \ \text{erfc}^{-1}\left(\frac{N}{N_d}\right)$$

$$= \text{erfc}^{-1}(10^{-4}) = 2.7$$

$$D = \left(\frac{x}{2 \times 2.7}\right)^2 \times \frac{1}{t} = \left(\frac{2.7 \times 10^{-4}}{5.4}\right)^2 \times \frac{1}{3600} = 6.9 \times 10^{-13}\,\text{cm}^2/\text{s}$$

그림7-5에서, 1150℃

④ 식 (7-24)로부터

$$N(x,t) = \frac{N_s}{\sqrt{\pi Dt}}\ \exp\left(-\frac{x^2}{4Dt}\right)$$

$$x = \sqrt{-4Dt\ \ln\frac{N\sqrt{\pi Dt}}{N_s}} = 5.84 \times 10^{-4}\,\text{cm}$$

⑤ 식 7-8에서, $x = 0.6 N_p$, 식(7-25)에서 $\varDelta R_p$를 구한다.

$$\frac{0.6 N_p}{N_p} = \exp\left\{\frac{-(0.25 R_p - R_p)^2}{2 \varDelta R_P^2}\right\}\ ,\ \ \varDelta R_P = 2.2 \times 10^{-5}\,\text{cm}$$

식(7-26)에서,

$$1 \times 10^{18} = 3 \times 10^{14} \times \frac{It}{100 \times (2.2 \times 10^{-5})^2}\ ,\ \ It = 1.6 \times 10^{-4}\,\text{A}\cdot\text{s}\ \text{가 된다.}$$

8장

① (a) SiO$_2$/Si 계면 준위 밀도가 (100)에서 최소 (b) 그림7-3

② $R[\Omega/\text{sq}]$은 저항율/접합깊이(x_j)이 되므로, 선폭을 W, 길이를 L로 하면

$$\text{저항} = \text{저항율}\ (R \times x_j) \times \frac{L}{W \times x_j} = \frac{R \times L}{W}$$

$$\text{저항} = 1[\,k\Omega\,] \times \frac{2}{1} = 2\,k\Omega$$

③ 그림 8-5 참조

④ $$C = \frac{\varepsilon_0 K}{d} = \frac{1.26 \times 10^{-14} \times 3.9}{0.5 \times 10^{-4}} = 9.83 \times 10^{-10}\,\text{F}/\text{cm}^2$$

$$R = 10^{-5} \times \frac{0.5}{1 \times 1} = 5 \times 10^{-6}\,\Omega\ \text{이고},\ \ RC = 4.9 \times 10^{-15}\,\text{F}\,\Omega/\text{cm}^2$$

9장

① Si의 금지대 폭은 1.12 eV이므로, 최대 파장은 $\lambda = 1.24/1.12 = 1.11 \mu m$

GaAs의 금지대 폭은 1.43 eV이므로, 최대 파장은 $\lambda = 1.24/1.43 = 0.87 \mu m$

② $E = 1.24/0.55 = 2.25 \, eV$, $E = 1.24/0.68 = 1.82 \, eV$

③ (1)역방향 포화전류는 식(6-6)에 의해

$$J_0 = qn_i^2 \left(\frac{D_n}{L_n N_a} + \frac{D_p}{L_p N_d} \right)$$

확산 계수는 Einstein의 관계식으로부터

$$D_n = \frac{\mu_n k_B T}{q} = 0.0259 \times 120 = 3.1 \, cm^2/s , \quad D_p = 0.026 \times 400 = 10.4 \, cm^2/s$$

그러므로,

$$J_0 = 1.6 \times 10^{-19} (1.5 \times 10^{10})^2 \left(\frac{3.1}{5.57 \times 10^{-3} \times 10^{16}} + \frac{10.4}{10^{-3} \times 5 \times 10^{18}} \right)$$
$$= 2.07 \times 10^{-12} \, A/cm^2$$

(2) 전류 밀도-전압 특성

$$J = J_0 \left\{ \exp\left(\frac{V}{0.026} \right) - 1 \right\} - 0.14/4$$

V	0	0.2	0.3	0.4	0.5	0.55	0.58	0.6	0.62
J	0.035	−0.035	−0.035	−0.035	−0.0345	−0.032	−0.025	−0.0133	0.012
P	0	−0.007	−0.0105	−0.014	−0.018	−0.0176	−0.0145	−0.008	0

(3) 개방 전류

$$V_{oc} = \frac{k_B T}{q} \ln\left(\frac{J_L}{J_0} + 1 \right) = 0.026 \ln\left(\frac{0.035}{2.07 \times 10^{-12}} \right) = 0.610 \, V$$

(4) 곡선인자

$$FF = \frac{P_{max}}{I_{sc} \times V_{oc}} = \frac{0.018}{0.035 \times 0.610} = 0.843$$

(5) 변환효율 $\eta = 0.035 \times 0.610 \times 0.843 = 0.18$, 변환효율은 18%이다.

④

(1) 식(9-25) 로부터

$$\theta_c = \sin^{-1} \frac{1}{\sqrt{K_s}} = \sin^{-1} \frac{1}{\sqrt{10.9}} = 17.6°$$

굴절률 $n=\sqrt{K_c}=3.30$ 이므로

식(9-26)로부터, $T=\dfrac{4n}{(1+n)^2}=\dfrac{4\times3.3}{(1+3.3)^2}=0.713$

식(9-27)로부터, $\overline{T}=0.713\sin^2\left(\dfrac{17.6}{2}\right)=0.017$

식(9-28)로부터 외부 양자 효율은,

$\eta_{ext}=\dfrac{\eta_{int}}{1+\bar{\alpha}x_j/\overline{T}}=\dfrac{80[\%]}{1+10^3\times10^{-3}/0.017}=1.34\%$

(2)
$\theta_c=\sin^{-1}\dfrac{1.8}{3.3}=33.1°,\quad T=\dfrac{4\times1.8}{(1+1.8)^2}=0.92,$

$\overline{T}=0.92\sin^2\left(\dfrac{33.1}{2}\right)=0.0746$ 그러므로,

$\eta_{ext}=\dfrac{\eta_{int}}{1+\bar{\alpha}x_j/\overline{T}}=\dfrac{80[\%]}{1+10^3\times10^{-3}/0.0746}=5.56\%$

10장

1. 육방 최밀 충진에서는 산소 분자가 표면에 배열하므로 산소 분자의 직경을 R로 하면, 면적 $\sqrt{3}(R/2)^2$ 근처의 1/2개의 산소가 존재하는 것이 된다.
산소의 면밀도는 $N_s=1/(2\sqrt{3}(R/2)^2)=8.7\times10^{14}\,cm^{-2}$ 이된다. 이 분자의 수는 충돌 횟수 ϕ와 시간 t의 곱이므로 $t=\dfrac{N_s}{\phi}=\dfrac{N_s\sqrt{2\pi mk_BT}}{P}$ 가된다.
$P=1$ Torr에서 $t=2.4\times10^{-6}$s, $P=10^{-10}$Torr 에서 $t=6$hr

2. 기판에 도달하는 속도는 개구부로부터 분출하는 속도에 $A/\pi L^2$를 곱한 값이다.
도달 분자 속도 $=3.51\times10^{22}\dfrac{P}{\sqrt{mT}}\dfrac{A}{\pi L^2}$
Ga의 $M=69.7$를 대입하여, 도달 속도 $=8.2\times10^{14}cm^{-2}\cdot s^{-1}$
Ga분자의 표면 밀도는 $6\times10^{14}cm^{-2}$, 단분자층의 두께는 2.8Å 가되므로
성장 속도 $=8.2\times10^{14}\times2.8/(6\times10^{14})=23$nm/min

3. $f=\dfrac{v_0}{2W}=\dfrac{10^7cm/s}{2\times5\times10^{-4}cm}=10^{10}Hz=10$GHz

이충훈

- 서울대학교 물리학과 졸업 (이학사)
- 한국과학기술원(KAIST)졸업 (이학박사)
- 현대전자 LCD연구소 및 디스플레이 선행연구소 소장 엮임
- 현대전자산업(주) 기술고문 엮임
- 현대전자 반도체연구소 책임연구원 역임
- 현재 원광대학교 전지전자 및 정보공학부 교수

반도체공학

정가 12,000 원

2001년 9월 1일 제1판 1쇄 발행
2011년 9월 15일 제1판 3쇄 발행

인 지

원 저 자 U. Kawabe, T. Saitoh
역　자 이　　충　　훈
발 행 자 조　　승　　식
발 행 처 (주)도서출판 북 스 힐

서울 강북구 수유3동 220-70
<등록 제22 - 457호>
☎ (02) 994 - 0071~2, FAX (02) 994 - 0073
www.bookshill.com

ISBN 89 - 88441 - 10 - 9